U0166268

爱在起跑线

——— 0~1岁成长黄金期的

21个育婴法

LOVE AT THE STARTING POINT:
21 Infant Rearing Methrods During The Golden Period of Growth

陈美龄　陈曦龄　著

上海三联书店

前言

　　有很多父母都希望儿女们"赢在起跑线"。

　　究竟"起跑线"是在哪里呢？

　　我认为，应该是从妈妈开始怀孕的时候至婴儿出生后十二个月为止。

　　新生命是希望，是未来。

　　我们通过新生命来创造人类美丽的梦想。

　　每一个婴儿诞生的时候，都遗传了独特的可能性和潜质。

　　但是否可以把可能性和潜质发挥出来，是由照顾者的行为决定的。

　　通过这本书，我们并不是邀请爸爸妈妈去参加比赛，让自己的子女"赢在起跑线"，而是希望年轻父母能去"爱在起跑线"。

　　因为"爱"才是最重要的育儿因素。

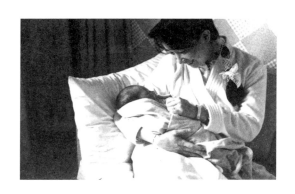

父母的爱和关注会对儿女的一生有决定性的良好影响。反过来，得不到爱和关注的婴儿，可能会"输在起跑线"。

不是输给别人，而是输给自己。

父母可以帮助子女成功，也可以引致他们的失败。

在起跑线上，要用爱心为子女建筑一个牢固的基础。千万不要因为疏忽，而令子女失去步往成功的基本条件。

除了父母之外，有很多婴儿是由受托者照顾的。写这本书其中一个目的，就是希望他们也能学会照顾婴儿的知识，那么婴儿就可以正常的成长，得到"爱在起跑线"的恩惠。

　　为了令每一个新生命都能公平的成长，教导父母和受托者如何去照顾新生儿是社会的责任。

　　婴儿长大后是否能得到一个满足和幸福的人生，从怀孕到十二个月我们究竟可以为新生命做些什么？又不应该做些什么？

　　本书是针对这段时期育儿的基本知识，希望能给你育儿的信心。有了这些知识，能使你照顾孩子的时候减低压力和烦躁，令育儿的过程变得更轻松愉快。

　　我以热爱教育和儿童心理的学者的身份来编写这本书。更邀请了我姐姐、小儿科和熟悉敏感疾病的陈曦龄医生，为我们回答重要的问题和作出珍贵的启示。

　　我恭喜所有父母，能拥有当爸爸妈妈的机会。

我也鼓励受托者用爱心和关注去照顾新生儿，令他们能得到一个幸福美满的人生。

　　希望这本书能成为你的伴侣，陪你度过充满挑战性和惊喜的养育新生儿的旅程。

目录

黄金期　GOLDEN PERIOD

哺乳类　WE ARE MAMMALS

新挑战　NEW CHALLENGES

谈卫生　TALK HYGIENE

不独愁　DON'T WORRY ALONE

小心好　BETTER TO BE CAREFUL

后记

新生命

BRAND NEW LIFE

第一部

生命是人类最伟大的创造物。

每一个小生命都是独一无二，与众不同的。

生命诞生的瞬间，在小生命前，人会觉得渺小、敬畏，为奇迹而惊叹。

父母的爱如小舟，载着小生命漂向广阔的人生汪洋。

没有小舟，无论创造物有多伟大，也对抗不了巨浪。

01

迎接
小生命

EMBRACING
A NEW LIFE

生命的起源是从妈妈的肚子里开始的。

当妈妈的卵子和爸爸的精子结合起来时，生命的奇迹就诞生了，飞速的成长起步了。

就如我们迎接贵宾一样，迎接小生命，需要在他来临之前作好准备。

首先要问一问自己和伴侣几个重要的问题：

我们愿意迎接一个新成员到家里来吗？

我们有资源和能力可以培养一个小生命吗？

我们愿意承担这个责任吗？

我们会用爱心全力的去照顾这小生命吗？

我们会有其他人支持我们完成这个重要的任务吗？

若以上问题的答案都是正面的话，那么你就可以开始准备迎接小生命了。

若有负面答案的话，那么可能你还未达到迎接小生命的条件，不要急着怀孕。

联合国儿童基金会指出，小生命诞生后的头一千日，可以影响他的一生，包括健康、学习能力，甚至收入和幸福。

也就是说，当父母的，要从怀孕开始考虑如何培养小生命，令他有一个美好和健全的成长基础。

怀孕开始之后，妈妈就是胎儿命运的主宰。

妈妈吃的、吸收的、想的、感受的、行动的，全部都会直接影响胎儿的一生。

做好心理准备

人往往会被思维影响行动和心态，所以把自己的感受和想法整理清楚是很重要的。

"我怀孕了！要当妈妈了！我应该如何去接受这个现实呢？"

每一个新妈妈得知怀孕后，都会感到又喜悦又惊慌。

不要担心，先让自己赞叹一下缘分的奇妙。

你和伴侣在数十亿人之中找到彼此，这个缘份太珍贵了！感恩。

你和伴侣决定共同创造新的未来，而你成功怀孕了。这个缘分差不多是奇迹！感动。

恭喜一下自己和伴侣的运气吧！

拿起你伴侣的手，放在肚子上面，向肚子里面的小生命作出承诺："我们会爱你,保护你,养育你。会尽全力去协助你得到一个幸福美满的人生。"

不要忘记这份幸福的感觉,因为正能量能帮助你们克服困难,抵抗疲累,把难关变成挑战,把失败变为成功。

这份快乐的感觉,将是你们觉得最辛苦的时候的解劳良药,最迷惘的时候的灯塔,最气馁的时候的强心针。

作好心理准备后,就可以向又快乐,又紧张,又曲折,又感人的育儿旅程出发了。

应该吃的,不要吃的

若小生命是种子的话,妈妈的身体就是土壤。

肥沃的土壤才能培养强壮的生命,所以妈妈要把身体调理好,让小生命能在最佳的环境中成长。

首先,要多吃有营养的食物,尽量避免吃刺激性的东西,如化学添加物、烟、酒、咖啡、茶,都宜避免。

中国人也说要避免吃"凉"的食物,如西瓜、青瓜、冻饮、生的蔬菜等等。要多吃"温和"和"正气"的食物，如鸡肉、猪肉、牛肉、鸡蛋、牛奶、米饭、豆类等等。

少吃零食和太甜、太油腻的糕点，选择营养价值高的补品，如鲍鱼、带子、燕窝等等如果有敏感体质的话，请尽量避免吃燕窝。

煎炸食物也要少吃，以免给消化系统带去太大的负担。

更要重视保持食物卫生，避免中毒。不要吃容易腐坏的食物，或生的肉食和鱼生。

每天尽量摄取五大营养素：碳水化合物、蛋白质、脂肪、矿物质和维生素。

有吸烟和饮酒习惯的妈妈，应先戒掉才怀孕比较好，因为烟酒会伤害胎儿的成长，甚至影响内脏和脑袋的发展。酗酒的妈妈有可能会诞下畸胎。妈妈要尽量以健康的身体怀孕，不把有害的物质传给无辜的小生命。

保持健康

怀孕早期，有些妈妈会觉得身体不适。不要慌张，这慢慢会平复下来。若情况特别严重的话，应找医生商量。

尽量保持心情愉快，晚上确保充足的睡眠。

怀孕之后不要减肥，要摄取适当的营养。吃多了不要整天坐着，要做适当的运动。但尽量避免过度激烈，以免伤害胎儿或自己。

留意要定期接受医生的诊断，确保母子健康。

怀孕期间，若社会中出现流感或疫症，孕妇要特别小心，不要到人多混杂的地方，做好所有预防措施。

不要过度忧虑

怀孕期间不要过分忧虑。因为妈妈感到压力的时候，身体会随之而反应，分泌出压力荷尔蒙。长期的忧虑会令妈妈产生高血压，身体容易发炎，影响胎儿的成长。研究指出，在高压之下怀孕，容易引致早产或低体重婴儿。更有学者指出，这甚至关系到婴儿长大后的行为问题。

所以不要太忧虑，要多为自己减压，大事变小，小事变无。看开一点，做一个快乐的孕妇。

当然每一位孕妇的情况都不同，有些人怀孕的时候，是最开心、快乐和健康的。但对有些人来说，怀孕是一个大挑战，身体会不适，情绪不稳定。

所以孕妇身旁的伴侣，要鼓励和小心关怀另一半，让她能有一个平安和愉快的怀孕期。

02

诞生
前的准备

PREPARATIONS
BEFORE **BIRTH**

在我的记忆中，为将要诞生的小生命作准备，是非常幸福的时间。

去购买婴儿用品，看到各种各样可爱的衣服、床铺……一边在想什么最适合自己的品味，另一方面学习什么最适合新生儿的需要。

在家里为婴儿准备生活的空间时，想象新的开始，心中充满期待，但又怕做得不好。

肚子一天一天得大起来，心情也越来越兴奋，好像快要接受一份礼物，但又不太清楚如何去珍惜这份礼物。

那种心情，只有孕妇才能明白。

为减低大家的困扰，现在让我们看一看最基本的安排，要为婴儿准备些什么。

清洁的环境

婴儿需要有一个清洁的环境。

做个大扫除，吸掉灰尘，洗干净窗户，将家中彻底消毒，不需要的东西、不干净的杂物都丢弃，才带婴儿回家。

希望能做到一尘不染，可以深呼吸的状态。

若能找到一个有阳光的地方放摇篮，空气流通的地方放婴儿的睡床，是最理想的。

婴儿的来临是一个新的开始，最理想的居住环境不是任何高级家具，而是卫生安全的空间。

问问医生，婴儿卫生有什么注意点？

医生说：

三十多年前，香港人的卫生意识并不太高，那时我们要求家属探望初生儿时要洗手，戴口罩，穿保护衣，有时候都会遇到困难，要费不少唇舌，才能说服亲戚朋友穿保护衣，以保护新生儿不受感染。

今天，经历过2003年的"SARS"和2020年开始的新冠肺炎疫情后，大家对保持卫生的意识都提高了不少，为新生儿穿保护服已经没有人会抗拒。

新生儿的免疫系统非常脆弱，所以照顾者要特别注重卫生。

先在新生儿的房间里放几件保护服，让照顾者洗完手穿上，再戴上头套和口罩，才接触婴儿。保护服每天都要替换，用热水洗。

新生儿所有衣服都要用热水（六十度以上）洗干净，才可以给婴儿穿，布尿片也一样。也可以选用一次性的尿片。

所有婴儿使用的器具都要消毒，最好用沸水，也可以用安全的化学消毒用品。

婴儿三个月后，免疫系统变得相对强壮，接触他时已经不一定需要保护服，只要干净就可以了。从室外回来，换件衣服再抱宝宝是好习惯，不要把外面的病菌传给宝宝。

很多人喜欢亲吻宝宝的脸，最好尽量避免，因为很多宝宝就是这样感染了疱疹而不知。

衣物

视乎婴儿诞生的季节，要准备的东西有点不同，但基本上需要：

· 内衣（4至7件）——因为新生儿的头颈很柔软，所以不要选择"过头笠"，在胸前扣上的"和尚服"比较容易穿着。

· 睡衣（4至7件）——睡袍形式的适合新生儿。

· 连体衣（4至7件）——夏天准备短袖，冬天准备长袖长裤。

· 裤子（4至6条）——连袜子的比较好。

· T恤（4至6件）——包屁股的连体T恤，不会令婴儿肚子着凉。

· 毛衣（3至4件）——选择柔软的、胸前扣的。

· 外衣（2至4件）——如果婴儿冬天出生，则需要准备多几件。

· 手套（3对）——防止婴儿乱抓时刮伤自己面孔。

· 袜子（4至7对）——因为婴儿还不会走路，基本上是保暖用。

· 围嘴（5块）——吃奶粉的婴儿需要准备多一些。

· 帽子（3顶）——冬天为保暖，夏天可防晒。

· 毯子（3至5条）——有厚有薄，方便不同时候使用。

· 婴儿裹巾（4至5条）——有些父母喜欢将新生儿包起来。

· 泳衣（1至2件）——新生儿其实还不需要，是为长大一点时备用的。

· 婴儿用洗衣粉——为婴儿洗衣服时，请用婴儿专用的洗衣粉，刺激性较低。

· 鞋（1至2双）——新生儿的鞋子只是装饰，有很多父母会给婴儿穿，然后留作纪念。但当孩子能站起来走路时，请小心选择适合小脚的婴儿鞋。应该是轻的，防滑的，最理想是真皮制的。

家具

· 婴儿床——要符合各种安全标准。

· 床褥——要有一定硬度，而且与床之间没有空隙。与大人一起睡时也一样。

· 床单（4至6张）——要和床褥贴服，否则婴儿会有窒息的危险。

·防水床垫（3张）——婴儿尿床的时候可以保持床褥干爽。

·尿布台——准备一个架子可供把尿片用品排好，方便需要的时候使用，而且比较卫生清洁。若不是专用的操作台，也可以用桌子等代替，但一定要小心不要让婴儿掉下。

·婴儿高脚椅——开始吃其他食物的时候使用，需要坐得安全。

换片用品

·纸尿片（2至3箱）——有很多品牌，可以看看哪一种最适合你的婴儿。

·布尿片（15至20条）——纸尿片以外的选择，同时需准备内裤5至10条。

·棉花球——用来清洁屁股。

·婴儿湿纸巾——用来清洁屁股，若不适合婴儿的皮肤，可以用清水和肥皂。

·润肤药膏——婴儿皮肤干燥时用。

·尿片袋——带婴儿出街的时候的必需品。

喂奶用品

奶瓶（8至10个）——家里用玻璃制，外出才用塑料，尽量少用塑料产品。

奶嘴（8至10个）——选择奶嘴的方法，请参考第10章。

洗奶瓶刷——不能用一般刷子，要准备洗奶瓶专用的产品。

洗奶瓶盘——不能与大人的盘共享，必须分开。

奶瓶消毒器——保持清洁最重要。

温奶器——把奶维持在最适合婴儿喝的温度。

奶粉——详细请参考第10章。

母乳用品

吸奶器——妈妈不能在婴儿身边喂奶的时候，可以先把母乳吸出储藏，让其他照顾者代劳。详细请参考第9章。

储奶袋——储藏母乳的袋子。

溢乳垫——垫文胸与胸部之间，防止母乳弄湿衣服。

喂奶小枕头——喂奶的时候，放在婴儿与大腿之间，让婴儿的嘴刚好够到妈妈的胸部，可舒舒服服的吃奶，妈妈也不会太疲倦。

乳头润肤膏——妈妈的乳头容易干燥，喂奶之后可抹一点。

棉花球——把乳头抹干净才喂奶。

消毒药水——消毒乳头用。

哺乳内衣——哺乳时用的文胸，可以从前边解开。

洗澡用品

婴儿浴盆——准备一个婴儿专用的小浴盆。

婴儿洗发精、沐浴露——婴儿皮肤幼嫩，要选用刺激性较低的产品。

婴儿浴巾（3至5条）——多数这类产品都是连帽子的，很方便。

小毛巾（10至15条）——洗澡时用的柔软小毛巾。

其他

婴儿指甲刀、剪刀——婴儿的指甲非常脆弱，但因为他们会用手摸面孔，如果指甲长的话，可能会刮伤自己。所以一定要保持婴儿的指甲短和清洁。

体温计——婴儿容易发烧，这是值得的投资。婴儿的正常体温比大人高，所以不需要太惊慌，但若高达38度以上的话，可能就是发烧了。

梳——因应你的婴儿头发多少，梳子不一定是必需品。但市面有很多可爱的小梳子，为你的婴儿准备一把，也是一个乐趣。

婴儿汽车安全座椅——带婴儿坐车的时候，一定需要安全座椅。市场上有很多款式，但最重要的标准是安全。有些款式可以用到四五岁，比较经济。

婴儿车——因为我很多时都是抱着我的孩子，所以虽然有婴儿车，但其实不太常用。但如果你有多过一个小朋友的话，婴儿车可让其中一个孩子乘坐。无论用途多与少，婴儿车也是必需品之一。

救急箱——每一个家庭都应该有，有婴儿的家庭就更加需要。准备好消毒药水、纱布、平常用的药物等等。

玩具——选择婴儿玩具要非常小心，因为他们常常会把玩具放进口里，所以购买的时候要特别注意是否包含有害成分，也要确保是不容易吞下去的才买。

妈咪包——带小朋友上街时的必需品，里面有放奶瓶、尿布片等的空间。选择一个你喜欢的袋子，会令你和婴儿外出时方便很多。

婴儿背带（1至2条）——有很多款式，有可以在胸前抱的，也可以在背在后面；也有男女通用的，所以爸爸也可以用。我喜欢背带，因为做家务或出外的时候可以用双手做其他事，不需要放下孩子，不用担心安危。多买一、两条，可供换洗。

03

欣赏新生儿的

奇妙

APPRECIATE
THE **WONDERS** OF
NEWBORNS

小孩子诞生了，自己当父母了。

但其实一般人对新生儿的了解，究竟有多深呢？

新生儿是很奇妙的，有很多出乎意料的有趣之处。

让我们一起好好认识，面前的新生儿。

新生儿刚出生的时候，看起来不一定很可爱。

有皱纹，皮肤红红的，眼肿肿的。有些时候还有红斑。头的形状也不一定是理想的圆形……但不要惊慌，这些情况都是正常的，很快就会改变。

请记着，孩子在胎盘内成长了九个月，经过很窄的产道来到世上，身体需要习惯这个要呼吸空气的环境，冲击是非常大的。所以当父母的，要尽全力让孩子适应新的世界。

其实孩子生来已经有很多反射能力帮助他生存，让我们去了解一下。

·吸吮能力——首先婴儿生下来就具备吸吮能力。这是哺乳类动物生存的反射功能。只要你放东西在他的口里，他就会开始吸吮，而且会在几天之内慢慢学会一边吸奶一边呼吸。

·反射转头能力——你碰一下新生儿的脸孔，他就会向那方向转头。这也是反射能力，帮助他寻找妈妈的乳头。喂奶时，只需碰碰他的脸，他就会自然的转头，配合妈妈的胸怀，是很可爱的。

·小小的胃——婴儿的胃非常细小，和核桃一样大。因为很容易就会填满细小的胃，所以他们需要吃很多顿奶。每一个婴儿的胃口都不同，妈妈要配合孩子的要求。

·胃气——新生儿需要你帮他把胃气打出来，因为他未有能力打饱嗝。抱起他，把小头放在自己的肩膀上，轻轻拍他的背，慢慢向上移动，几分钟内婴儿就会把气从口中排出来。不把气拍出来的话，婴儿可能会吐奶，若在睡觉中出现这种情况的话，可能会令他窒息，十分危险。

·有关远视——新生儿的视力，可以看见离他约八至十五英寸的事物，刚好是他在父母的怀抱中，看得见父母脸孔的距离。但因为他还未能控制眼睛的肌肉，所以有一些时候会好像是"斗鸡眼"，很有趣。再过几个月，婴儿学会了控制眼睛的焦点，斗鸡眼的情况就不会再出现。

·天使的笑容——世上所有物种中，只有人类的婴儿会笑，其他动物的婴儿是不会笑的。婴儿的笑容是世界上最美丽的事物之一。最初是没有声音的笑容，但到某一天，会突然间放声笑出来！听到那笑声，育儿的烦恼立即扫清，是人生的一件大乐事。

·打喷嚏——初生婴儿每天都会打几个喷嚏，目的是利用这个动作清洁鼻腔，所以父母不用惊慌，并不是着凉。

·水中能力——新生儿在水中，会自然停止呼吸和减慢心跳。因为在子宫内，其实他是生活在水中的。但这个功能在几个月之后就会消失。

·骨头特多——婴儿刚出生时，骨头的数目会比大人多，有300块，比大人多94条。但因其中有些骨头在成长期间接合起来，所以长大后，骨头的数目比出生的时候少。

·胎毛——婴儿出生后，会脱掉所有出生时的头发，但只需几个月就会长出新发。身体上胎毛也会脱掉。

·大头——婴儿的头特别大，大约占身体的四分之一，而大人的头只是身体的七分之一，所以每个新生儿看来都是头大大的。

· 大眼睛——婴儿的眼睛看起来也特别大，刚出生时的眼睛，已有长大后的四分之三那么大，所以特别可爱、趣怪。

· 认面孔——新生儿喜欢看人的脸孔，对时常看到的脸孔，他会觉得亲切，有反应。所以尽量向你的婴儿笑，多给他看你的脸孔，培养亲子感情。

· 节奏感——婴儿有节奏感，喜欢重复的节奏，所以他们喜欢听音乐、听歌，喜欢被人抱着慢慢跳舞。

· 吓自己——新生儿会用小手抓你的手指，也会动手动脚，这都是生下来的反射动作。有些时候他们会因为双手突然打开而吓到，所以有些国家的传统，喜欢用布把新生儿包起来，让他们安心睡觉。

· 听得到——新生儿的听觉发达，可以认出熟悉的声音。所以时常和你的孩子说话、唱歌，那么你的声音就能安慰他，带给他安全感。

· 嗜睡——新生儿每天需要睡二十小时。但不连续，每次只能睡二十分钟至四小时。到三个月左右，一般婴儿都能在晚上睡六至八小时。有关婴儿的睡眠，详细请参考第11章。

·哭泣——新生儿哭泣的时候，大多数是因为肚子饿和不舒服。但哭是自然的，也是他们唯一向我们传达讯息的方法。因为婴儿不能走动，也不会说话，所以只有大声哭起来，才能令人注目。有关婴儿的哭泣，详细请参考第12章。

其实婴儿能健健康康地诞生，当父母的已应该非常感恩。

若你的婴儿出生时有先天性疾病，请你不要太慌张，顺从医生的指示，用爱心和耐心去照顾你的婴儿吧。

要照顾健康的婴儿已经不容易，要照顾天生有疾病的婴儿，对父母来说，更是重担。

但是每一个小生命诞生到世上，都是有他们存在的原因的。所以不要太忧虑，享受能和你的婴儿度过的每一天吧。

记住，不要自己一个人担忧，社会上有许多人愿意帮助你。觉得压力太大的时候，不要犹豫去求助。

成长图
GRAPH OF GROWTH

　　婴儿第一年的成长是"突飞猛进"的，如一百米的跑步赛。

　　但比赛的对手不是他人，而是自己。

　　父母需要供给宝宝充足的能量、关注和爱护，帮助他能达到自己的最高水平。

　　千万不要把宝宝的跑步赛变成障碍赛。

04

身体

成长

PHYSICAL
DEVELOPMENT

新生儿的身体成长得特别快，父母要留意孩子的身体成长过程是否正常。

看到婴儿的成长，父母都会感受到婴儿强大的生命力，和人体变化的惊人速度。

昨天的孩子，和今天的孩子已不同，对爸爸妈妈来说，是充满惊喜的每一天。

请医生为我们详述这个成长过程吧！

问问医生，婴儿从零至十二个月的成长是怎样的?

 医生说：

人类成长最急速生长的阶段，便是初生的第一年。

新生儿的体重会在三、四个月内翻一倍，到一岁时再翻一倍。身高从出生时的五十公分左右，到六个月的六十五公分，一岁的七十五多公分，差不多增加百分之五十。

婴儿头一年的样貌天天都在改变，无论是脸庞、身体、四肢骨骼，都在急速生长，令人惊叹。

宝宝的身高、体重和头围都需要经常量度，更要把数据跟同年龄的婴儿生长曲线比较，看他的成长是否达标，又要考虑他的成长是否循着轨迹向上。这里给大家展示香港婴儿的成长曲线表，要是孩子的体重不增加，或头不长大，或长不高，他可能是患有甲状腺低下症、小头症或其他问题，要赶快看医生。

平均身高（女婴）

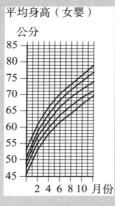

平均身高（男婴）

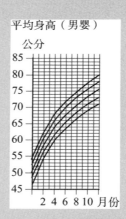

（曲线表：平均身高（男／女婴）

平均体重（女婴）

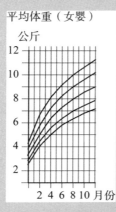

平均体重（男婴）

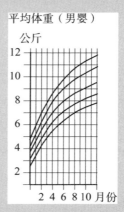

（曲线表：平均体重（男／女婴）

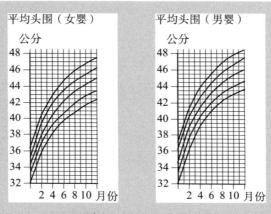

(曲线表：平均头围（男/女婴）

宝宝做得到的事情

零到一岁的宝宝，脑部发育也是非常快速的，他们在一年间能学到的实在是惊人。下面的表记录了大部分他们在不同阶段能做到的事情。

一个月	婴儿趴着时，能短暂抬头，会发出声音。
两个月	会微笑，是有意识的笑。
三个月	会大笑，是发出声音的笑。
四个月	会翻身，躺着时能把头抬起，用手抓东西。

五个月	能短暂坐起来，用手把玩东西，会对自己的名字作出反应而看上来、抬头或转头。
六个月	坐得较稳，长第一颗乳齿，喜欢把东西放进嘴巴里，喜欢玩捉迷藏。
七个月	坐得非常稳，可以把东西从左手转到右手。
八个月	用肚子爬行，可扶着站起来，无意识的发出爸爸、妈妈的声音。
九个月	用手和脚来爬行，扶着栏杆走几步，摆手、拍手。
十个月	爬上爬下，可以坐小木马，可以听简单的命令，自己拿奶瓶喝奶，用拇指和手指捡起小物件。
十一个月	独立短暂站一下，用水杯喝水，自己吃东西，什么物件都能捡起。
十二个月	独立短暂走一两步，有意识地叫爸爸或妈妈。

这些发展阶段都是一般的情况，你的宝宝可以是快一点或者慢一点，每一个宝宝都不一样，除非是太缓慢，否则不用太担心。

真正要注意的是下面几个问题。

肌肉问题

初生婴儿的肌肉像棉花般柔软，但几个月后已变得强劲，颈能抬得起，手能抓东西，腰能坐得直。腿的肌肉到八个月，应该能支撑得起婴儿的体重，可以扶着站起来。

如果孩子的肌肉一直都太软，像一团棉花一样的话，他可能是患上了遗传的肌肉毛病，或者是脑部、脊髓有问题，要赶快就医。

如果孩子的肌肉没有问题，但是他偏偏站不起来，他可能是先天性髋关节脱臼，只要早点就医，就不一定需要做手术都可以治愈。

囟门问题

新生儿的头盖骨较软，有时还有间隙，因为骨片还没有合并起来，称为囟门，那是正常的，不用害怕，过几个月就会合起来。囟门新生时很大片，有时会看到有脉动，也是正常的，随着年龄会缩小，到十八个月左右便会消失，如果囟门越来越大，间隙也越来越大，头也是比较大的话，孩子可能是患脑积水，要赶快看医生，可能要动手术把积水疏导，否则脑细胞会受到永久的伤害。

视力问题

初生儿已经看得到东西，不过，因为他们都是远视的，看近距离的人脸会不清楚。大多的初生儿都是闭着眼的，测试他们视力要有点技巧，最好是用人脸从左到右给他看，他眼睛能追着的话，就是看得到了。要是自己测不到的话，找医生帮忙。

婴儿眼部所有的肌肉协调、立体视觉、聚焦能力、视力，都是在六个月时已经发育好了，待到九个月后，问题就不容易解决。所以，要是发觉婴儿侧着头看东西，可能是有弱视或斜视，要赶快去看眼医。

即使没有发现什么，最好还是在婴儿九个月前带他去眼医检查一次。

听力问题

新生儿也能听见，用会发声的小玩具在他们耳边摇一下，看有没有反应，有了就可以，但没有也不代表一定听不到，可以找医生再测清楚。

到五个月，宝宝应该能够听到自己的名字作出反应，要是没有反应，要看医生，再测听力。

反射问题

初生儿都有些反射行为，因为脑部发育未完成。如觅食反射，婴儿可以自然地找到妈妈的乳头；抓取反射，让婴儿能抓紧妈妈的手；还有莫罗反射，就是婴儿突然失去平衡时，会有双臂外伸，手掌摊开但背部拱起的反射动作。这些反射应该在六个月后都消失，如果仍然存在的话，可能是中枢神经系统有问题，要就医。

微笑、发音问题

婴儿的有意识行为，会随着脑部发育而越来

越多。六周左右，看见友善的人脸，婴儿已懂得用笑来反应，是有意识的微笑。到十周左右，婴儿已懂得发出声来哈哈大笑。如果婴儿三个月都不会笑，也发不出声音，他可能脑部发育有问题，可能是自闭，也可能咽喉有问题，要早点就医。

乳齿问题

宝宝长第一颗乳齿前，会有不安、流口水、牙痕、情绪不稳、晚上睡不好等问题，牙齿长出来后，所有这些问题都会消失，恢复正常。每一次长牙齿可能都会有同样的问题，知道了就不用费心。

乳齿是要刷的，不过不需要用牙刷，用湿的布或纱布来清洁牙齿和牙肉就可以了。

简单地说，婴儿应该长出来的长不出来，应该能做的要是做不到，就要看医生，不要等，早点看，早点解决。只要不耽误，就不会做成永久的伤害。

05

社会和情感的成长

SOCIAL AND EMOTIONAL DEVELOPMENT

社会性动物

婴儿在社会和情感的成长是非常重要的。

因为人类是"社会性动物"，不能独自生存，需要与人沟通，互助互爱，才能得到一个幸福满足的人生。

很多心理学家都指出，从诞生到十二个月为止，婴儿能否得到关注，会影响他的一生。

所以我们要特别小心，观察他们的社会和情感成长是否正常，也要在这个时期，用无限量的爱去保护和关注婴儿。

婴儿能否安心成长，关键在乎他能否建立对人的信赖。

当婴儿需要被照顾的时候，若旁边的人能满足他的需求，婴儿就会开始建立信任。

例如需要吃奶的时候，妈妈会来抱起他喂奶。

需要更换尿布时，家人会及时来帮他弄干净。

哭泣时，有人会抱住他等等。

当婴儿接收到旁边人对他的爱和关注，很快就会学到如何去表达自己的要求，有信心不会被忽视，建立与他人的信任和联系。

婴儿和家人之间的牢固联系，会令他们感到安全和保障。

假如缺乏这种感觉，婴儿会不知所措，随时哭泣，紧张，很难照顾。

和父母亲密温暖的身体接触，对婴儿来说非常重要。

通过与父母的联系，婴儿才能得到正常的社交和感情发展，若父母或照顾者给予细心的爱护，婴儿就会变成一个快乐开朗的宝宝乐于与人交流，让照顾他的人也能分享到喜悦。

但若婴儿在这期间得不到爱护的话，就会对他的心理成长有影响，也直接阻碍他社会和感情上的发达。

对人没有信赖，对自己没有信心，会令婴儿在成长期间难以确立高度的自我肯定，影响他的学习能力和人与人之间的关系。

所以在这个期间，必须为婴儿打好基础，令他有一个安定和充满爱的环境。

让我们看看婴儿在这个期间能达到的社会和情感成长。

当然每一个婴儿的成长有快慢之分，但大部分的婴儿应该可以做到以下反应：

眼神交流

婴儿在出生后两个月，会开始与其他人作眼神交流。新生儿还未能控制眼睛找到焦点，但再过一两个月，就可以看到父母的眼睛，认识父母的脸孔表情。

这个时期，婴儿需要有一张熟悉的脸孔，令他觉得安心。最理想的就是父母在他身边，照顾他。若做不到的话，也要找一位能长时间照顾他的人，帮他建立这个联系。这个主要照顾他的人，就是婴儿第一个信赖和灌输感情的人，也可以说是他的初恋情人。所以当父母的，应该争取成为婴儿第一个爱上的人。

微笑和大笑

只有人类的婴儿能以"笑"来表达喜悦，这是很难得的，要多珍惜。

婴儿很快就会微笑，大约在零至四个月之间。

"笑"是婴儿喜悦的表现，得到身边人的照顾，他就会感觉到安全和快乐。

婴儿过了四个月，会发声笑，那笑声好像铃声，非常可爱。他看到有趣的事情时，会天真的大笑，眼睛也会亮起来。

只有人类的婴儿能以笑声表达喜悦，这是很难得的，要多多珍惜。

父母每日保持开朗，多和婴儿交流微笑，可以增长婴儿表达喜悦的能力。充满微笑和笑声的家庭，有助婴儿和妈妈分泌"快乐荷尔蒙"，从中得到满足和幸福的感觉，增长母子之间的感情和爱。

有了这样的相爱关系，育儿上的问题会大幅减少。

哭泣是本能

婴儿出生后就立刻会哭。

哭泣是婴儿的交流方法。肚子饿了会哭，尿片湿了也会哭，太热会哭，太冷会哭，肚子痛了也会哭。

因为没办法真正明白婴儿为什么哭，新手爸爸妈妈都会觉得十分彷徨。但只要你留心听婴儿哭的方法，慢慢你就会知道他究竟在哭什么。

当你明白他哭的原因，立刻给予适当的照顾，他哭的次数就会减少。

每一个婴儿哭的状况都不同，要看周围照顾他的人如何反应。

但大部分的婴儿，哭得最厉害是在个半个月至两个月之间，其后会慢慢稳定下来。

当父母的可以想象一下婴儿的立场。

走不动，说不出，完全倚靠旁边的人来满足自己的需求，唯一的表达方法就是放声大哭！

但也不保证是否会有人来照顾自己，所以，最彷徨的其实是婴儿，最难受的也是婴儿。

真的要欣赏他的努力，爱护他。

婴儿哭是自然的，不要怪他，反而要多理解他。

察觉危险

婴儿从两三个月开始，在感觉到有危险的时候，会开始表现出警惕、惊慌的样子。

例如突然听到巨大声响，或感到震荡，婴儿都会因受惊而哭泣。

若婴儿突然听到大声也没有反应的话，可能是有听觉上的问题，要小心观察。

兴奋的情绪

婴儿很快就会懂得期待别人的照顾这是表示他能预期快乐的交流。

譬如当妈妈喂奶给他的时候，他会表现出兴奋。

看到喜欢的人时会张开双手，要求被抱起。

喜欢洗澡的婴儿，看到妈妈准备帮他洗澡时，也会明显的表达高兴。

这些都是高度的感情表达，看到这种反应就能放心，你的婴儿在社会和感情的表达上没有问题。

发现自我

心理学家指出，到四个月左右，婴儿会开始对自己有兴趣。

他会看自己的手脚，把手指脚趾放进嘴巴尝尝。

这个时期，和婴儿一起看镜子，他会有很有趣的表现，慢慢开始发觉自己和别人是不同的存在。

也就是说"自我"的观念开始出现。这是非常重要的成长。

有自我的观念，也就是能明白他人的存在，这是社交能力的基础。

表情十足

慢慢，婴儿开始知道自己的表情会影响旁边人的反应。

他们开始显示出不同的面部表情来表达感受，如快乐、愤怒、恐惧、惊奇等情绪。

婴儿也喜欢大笑！这种笑并不需要什么原因，可能只是看到妈妈准备帮他洗澡或喂奶时，表现出兴奋的模样。

也可能是你做一些动作，他觉得有趣，就会哈哈大笑。

有些婴儿，感情特别丰富，看到妈妈哭了，会跟着流泪呢！很可爱的。

表情十足的婴儿，往往会为旁边的人带来无限乐趣。

但有些婴儿的表情会比较贫乏，这是不理想的。在太安静的环境中成长，而照顾他的人又没有多理会他的话，可能就会出现这种情况。

因此，没有表情、不哭、安静的婴儿，并不一定是"乖"的婴儿，反而可能是代表他缺乏社会和感情上的发展，父母要多留意。

对其他婴儿感兴趣

四、五个月的婴儿，会对周围的环境感兴趣，特别是看到其他婴儿的时候会有反应。

这就是交朋友的开始，也可以挑起他对人的好奇心。所以和其他婴儿交流是一件好事。

回应自己的名字

从四、五个月开始，当你叫婴儿的名字时，婴儿会回应。

对父母来说，这是非常高兴的一件事，一个什么都不懂的婴儿，变成一个知道自己是谁的宝宝。

婴儿能辨认自己的名字，表示他明白每一样事物都有名称，这是与人交流和意思传达的重要一步。

认得熟悉的人

从四、五个月开始，婴儿会认得父母或是照顾他的人。

看到熟悉的人物，或听到他们的声音，就会将开双手，希望被抱起。但当他看到陌生人的时候，就会警惕或害羞，甚至哭泣。

这表示婴儿能聪明地去分辨出人的脸孔，判别安危。

这个期间的婴儿，当父母离开他身边的时候，会感到恐惧不安，哭泣或要求人抱。

婴儿更会开始有偏爱的人或不喜欢的人。这是好事，因为这是婴儿的一种自卫行动，不要太担心。

反而什么人都喜欢、没有警惕的婴儿，你要教他多认识熟悉的人。

吮手指

过了几个月，有些婴儿会开始吮手指。

其实，这是一种安慰自己的行动，是控制情绪的方法之一。

在婴儿睡觉之前，疲倦的时候，都会看到这种行动。但有很多大人陪伴和互动的婴儿，往往不会采取这种行动，因为有旁边的人安慰他。

所以多点和婴儿交流，尽量减少他寂寞的时间，那么吮手指就不会成为一个大问题。

回头找妈妈

婴儿到八个月左右，会开始越来越大胆。

当他开始学爬时，会主动离开父母去探险，但又会途中回头寻找父母。

他会爬回来，确定你还在旁边之后，再爬开去玩耍。

这表现出婴儿两方面的成长：他有好奇心，和他知道如何去寻找保护。

你可以鼓励他去探索新环境，但亦要给他一个"我在你身边"的讯号，好让他能安心自由的去满足好奇心。若你限制他的冒险，他会变得胆小，失去好奇心。所以在安全的情况之下，尽量让他去探索新环境是好事。

与他人分享

婴儿到八、九个月时，会开始愿意分享食物或玩具。

这是非常好的表现，所以当他分享给你的时候，请你多谢他、鼓励他，让他知道与人分享是非常好的事。

反过来，若他要强抢其他小朋友的玩具或食物时，你要告诉他不可以这样做，否则他会变为一个霸道不讲理的小朋友。

安慰和同情

从八、九个月开始，婴儿在看到旁边的人忧虑或流泪时，会表现出同情甚至安慰的反应。这表明他能明白其他人的感受，同情心就是这样培养出来的。

你可以多点向他表达你的感受，譬如开心、失望、寂寞、痛苦等等。不妨夸张一点，让他容易明白。这样可以培养他对其他人的感受有兴趣，助长他和其他人分享感受和情绪。

胡言乱语

婴儿在出生后几个月会开始"说话"，但并不是真的能把意思说出来，只是用各种声音来表达自己。

宝宝的"胡言乱语"是学习语言的开始，多鼓励他，多和他说话，耐心听他的"胡言乱语"，帮助他找到适合的字眼，令他觉得父母喜欢和自己交谈，可以帮助锻炼他的沟通技巧。

模仿他人

婴儿其中一个学习方法就是模仿他人。

在这个急速成长期，婴儿会模仿他人的动作、声音和表情，模仿对象主要是日常照顾他的人，无论那是父母还是其他人。

婴儿的感情表达方式、性格，甚至对人对事的反应和道德观念，也会和主要的照顾者相似。

所以在这个期间，要给婴儿一个好的模仿对象，让婴儿模仿到好的态度、情绪和道德观念。

若你是自己照顾宝宝的，那么就要小心自己的言行举止，给宝宝竖立一个良好的榜样。

若你的宝宝是交给受托者照顾的话，你要有心理准备，宝宝的言行举止比起自己会与受托者更相似。

每个婴儿生下来都有自己独特的个性。但他如何成长，与他日后和社会互动有很大的影响。

虽然从零至十二个月的婴儿，活动范围并不广泛，但在这个期间，婴儿需要很多爱、关注和多方面的刺激，来帮助他建立一个健康的感情成长基础。

若希望婴儿成长为一个诚实善良、快乐勇敢，和有高度自我肯定能力的人的话，零至十二个月时的感情和社会上的培养是非常重要，不可轻视的。

请父母不遗余力的去为婴儿准备一个美满的环境，让婴儿安心发挥自己的传达能力，学习做人处世的基础。

脑袋 06
袋
智
能

和

的成长

MENTAL
DEVELOPMENT

指挥中心

大脑是人体的指挥中心，大脑的成长比什么都更重要。

我们的行动会左右婴儿的脑部发育。父母做得正确，婴儿的脑袋就会更健康灵活。父母做得不正确，对婴儿的发展就会有坏影响。

脑部的成长，集中在从出生至三岁左右的时候，所以幼儿期可以说是最关键的成长期。中国人古话说"三岁定八十"，现在这句话得到了科学证明。

出生时，婴儿的大脑约有一千亿个脑细胞（神经元），已差不多是一生人将拥有的数量。

脑内的胶质细胞会继续分裂和繁殖。

出生时，一般婴儿的脑袋大约是成人脑袋的四分之一。

第一年增加一倍，到三岁时，会增长至约成人的百分之八十。到五岁时比例将接近百分之九十。

黄金时期

在生命的最初几年中，大脑会经历非常快速的变化，婴儿的大脑，正忙于建立其联线系统。

大脑活动产生的微小电气连接称为"突触"（Synapse）。

出生时，大脑中已有大量的神经元，并且有一些突触。随着神经元的成熟，会产生越来越多的突触。

出生时，每个神经元的突触数量为二千五百，但是到了两三岁，每个神经元的突触数量已可达至一万五千。

这些细胞之间的联系，是真正令大脑起作用的关键。

大脑的突触使我们能移动、思考、交流……是我们做任何事情的联络工具。

幼儿期是建立大脑突触的"黄金时期"，每秒至少建立一百万个新的突触，比生命中任何时期的成长都快和多。

突触把脑细胞连接起来，以复杂的方式彼此联系，促进大脑的正常成长，使孩子能正常的生活和思考。

突触的多少，直接影响孩子的思考和活动能力。

这段飞速的脑部成长和网络建设能力，在一生中仅发生一次。

错过了这个时期，要增加突触就再没有那么容易。

这个"机会之窗",一定要把握好。

建立大脑的高速公路

婴儿出生之后,会通过日常经历,促进大脑突触的成长。

突触是通过婴儿与父母或照顾者的互动,和婴儿感官与世界的互动而建立的。婴儿每日的经验,会决定哪些突触可得到发展。而形成了的突触能否长驻在脑内,也是基于婴儿的经验。

当婴儿得到新的刺激时,新突触就会成长,把脑细胞联络起来。所以家长应该给婴儿各种新的体验,这样他的脑袋才会更加充实,就好像为婴儿的脑袋建筑无数条畅通的高速公路,令他的头脑更快更灵活。

需求与回应

婴儿与人的接触,是影响他成长的最大因素。这些接触,包括父母亲或其他照顾者。

自婴儿呱呱落地起,就会开始与人交流,大人迅速的反应和充满爱心的照顾,会增长婴儿脑内的突触发展。

心理学家指出，这种"需求"和"响应"的过程，对大脑突触的成长有很大的影响。成人与婴儿互动，实际上是在培养他的大脑。

所以婴儿出生之后，要立刻与他说话、唱歌、阅读和玩耍，更要为他提供探索自己和世界的机会，提供安全和稳定的养育环境。

科学家认为，早期刺激可为孩子终生学习和对人关系打下正面的基础。经历的好与坏，会影响孩子大脑和神经系统的突触成长。

充满爱心的互动，会强烈刺激孩子的大脑，导致突触增长，神经元的联系会变得更牢固。

连线的损坏和错误

但如果孩子很少受到刺激，突触就不会发育，大脑的连接也会减少。

当婴儿长期没有人理会、需求得不到回应，或被虐待的话，这种经历会大大影响婴儿的健康和脑部的发展。

当面临生理或情感的压力或创伤时，大脑会发出信号，分泌出皮质醇。日常高浓度的皮质醇可导致脑细胞死亡，减少大脑突触，损害重要的大脑回路。

也就是说，如果一个婴儿反复和长期受到压力，脑内的连线可能会被严重损坏，或产生连线错误。

这个现象，不单在婴儿时期有负面作用，更会影响他的一生，在日后的成长中，学习、抗压、感情，以至对人对事的能力等都会降低，更会影响健康，容易受到病魔侵袭。

所以在这个期间，父母或照顾者，必须全心全力用爱心去和婴儿接触，刺激他突触的成长，让他有一个一生受用的、坚强的脑袋。

智能的表现

小生命从一出生，就会开始积极吸收信息，学习新事物。除了收集身边人和周围世界的新信息外，还会不断发现有关自己的新事物。

让我们去了解一下，婴儿在各阶段表现出来的智能成长。

出生至三个月

· 期待事情——会学懂期待事情的发展，譬如看到妈妈的乳头，会作出吮乳的动作。

· 面部表情——表情丰富起来，会用面部表情来回应他人。

· 视觉——可以在十三英寸的距离内，清晰识别物体。更会追看移动物体，特别是照顾他的人的脸孔。也可以看到颜色。

· 味觉——能感受到甜、咸、苦和酸。

· 听觉——分辨声音的高低、音量的大小，和不同人的声音。听到妈妈为他唱的摇篮曲，会表现安详，听到有人在高声呼喊，会哭泣。

三至六个月

· 模仿——会开始模仿他人的面部表情，所以身边人会影响婴儿的态度和长相。

· 识别——婴儿会对熟悉的声音做出反应，识别熟悉的面孔。这表示他记忆力的成长，和喜好的开始。

· 回应——婴儿更会回应他人的面部表情，你友善的跟他笑，他也会欢容，你责骂他，他也会感觉不好。这是智慧上的一大进步。

六至九个月

·注意力——多数婴儿的注意力可以维持得更长，例如听你读书，或是唱歌等等。

·生物与死物——能分辨出生物和死物，如真的小狗和玩具狗的不同。

·数量多少——可以分辨出事物的大小和数量。还可以分辨出远近。

九至十二个月

·活动——因为大多数都已能爬行，甚至走路，智能也增长得特别快。

·理解和回应——他会开始用表情和声音来回应他人，也好像开始明白你的意思。当你说"来吧！到妈妈身边来！"婴儿会积极的向你爬去。

·手势与单字——他们也会做各种手势和单字来表达自己，与人交流的能力显著提高。

·看图书——很多婴儿会开始喜欢看图画书，而且会认得内容。

·好奇心——他们会研究物件，把物件拿在手里，反过来看看，抛出去看看，放进嘴里看看，放进盒子里看看等等。好奇心爆棚。这是表示他开始关心环境，在观察自己的行为如何能操作周围。

·永久性——开始了解人和物的永久性。也就是说即使看不见，东西仍然存在的想法。这个概念是高度的智能表现，妈妈不在房内，不用担心，因为并不表示她不存在。喜爱的玩具被布盖着了，不用惊慌，因为它仍然在布下。这个概念，令婴儿可以安心的去面对各种新讯息，继续满足他的好奇心去学习和成长。

黄金期

GOLDEN PERIOD

第三部

婴儿的第一年，

是智能和感情成长的黄金期。

但这期间，婴儿要依赖身边人的

照顾和引导。

父母就是舵手，没有你们，

孩子无法探索世界。

不要错过这一去不复返的，

帮助宝宝获得无价宝的机会。

07

如何锻练 **聪明** 的婴儿

HOW TO RAISE A
SMART BABY

婴儿的脑袋，从零到十二个月的成长非常快速。

在这期间，若婴儿得不到足够的刺激，会对脑袋的成长有坏影响。从零至三岁是脑袋成长的黄金期，所以绝对不能错过这个机会。

当父母的有很多方法，可以辅助婴儿脑袋的成长，锻练婴儿成为一个可以发展自己潜力的孩子。

新事物

每当婴儿接触到新事物时，脑内的突触就会成长。

突触是把脑细胞连接起来的通讯体，突触越多，孩子的头脑越灵活，学习能力更高。

婴儿诞生时，都是充满着可能性的。但这个可能性能否得到发挥，需要大人的培养。

而其中最重要的，就是和婴儿密切交流。刺激他们的味觉、嗅觉、视觉、触觉、听觉，都能助长突触的成长。

不要带给他负面的经验如恐惧、吵架或暴力。

因为这些经验会令他分泌恶性荷尔蒙，对脑袋的成长有害无益，妨碍婴儿的健全发展。

让我们看看如何用简单的方法帮助你培养聪明的婴儿。

要刺激宝宝，父母不需要是专家或天才，只需要充满爱心、关怀，和愿意与婴儿共度有趣时光。

拥抱你的婴儿

人的本性是寻求安全。

如果婴儿感到不安，就无法好好学习。

因此充满爱的拥抱，可以帮助建立他的安全感。妈妈的心跳、肌肤的接触、妈妈的味道、妈妈的声音、妈妈的呼吸声，都是婴儿的定心丸。

有安全感的婴儿，学习能力特别高。快乐的婴儿，不需浪费时间去哭泣，会有更多时间去探索周围的环境。请相信拥抱的力量，因为这种爱的表现，能建立婴儿学习的基础。

我带未开始爬和走的宝宝的时候，基本上当他们醒着时，是不会把他们放下的，不是抱着，就是背着。

这样婴儿会觉得特别安全，不会吵闹，特别容易照顾。

一起阅读

和宝宝一起看书，可以刺激他的大脑。

这不但可以训练婴儿的视力和听觉，更可以令他感受到妈妈的关怀，令他明白到阅读是一段快乐的时光，建立他对阅读的兴趣，对以后的学习也有很好的影响。

开始阅读是不怕早的，我和儿子们从医院回来那天就一起开始看书。我们会睡在床上看绘本。他们的眼睛还未能找到焦点，但已经很感兴趣的用眼睛跟着图片，听我说故事。他们可能不理解故事的内容，但在面前转来转去的图片已令他乐呵呵。

当他们的眼睛开始能找到焦点时，更会用小手做动作，催促我快点读，让我知道原来他们已经熟悉书本。

从小帮助孩子爱阅读，爱文字，会减低上学的压力。这个习惯可以从零岁开始锻练。

给他选择机会

婴儿到三、四个月左右，已经会对事物有喜好。

这个时候，可以开始给他选择的机会。

譬如可以拿两件玩具在手，"你想要哪一件呢？"

让他思考，作决定。

他选好了，然后拥抱他，亲吻他，"选得真好"赞扬他作了好选择。

这个过程，可锻练小脑袋作分析。

要作分析，就要考虑自己的喜好和观察面前的事物，更要能表达出自己选择的结果。

这活动对大脑的训练，有非常好的效果，所以不要为婴儿作全部决定。

当我的儿子们开始吃离乳食品时，我每次都给他们作选择，"要先喝汤还是先吃饭？"耐心等他们的意见。

每天的大事小事，都可以帮助孩子们的大脑成长。

和孩子多说话

要和宝宝多说话。

研究表明，孩子在三岁之前，从父母和照顾者听到的单词越多，他们的智商就越高。所以从零岁开始，要和孩子多说话。

那么说些什么呢？最容易的，就是你做什么就说什么。譬如：

"妈妈现在打开门了。"

"这是开，这是关。"

像这样，把门开开关关的过程给他看。

当你抱着他坐下时，

"妈妈现在坐下，这是沙发。"

"按一下，是不是很软？"

当你为他抹嘴时，

"妈妈现在帮你抹嘴巴。"

"好可爱的小嘴巴啊！这就是你的嘴巴。"

"这是湿纸巾，拿在手上看看，很轻，湿湿的。"

"这是干纸巾，你喜欢哪一种？"

诸如此类，不停地给宝宝介绍周围的事物和动作。

这不但能令他脑内的突触多成长，加速他们学习语言，他还能学到很多有用的东西。

研究指出，在说出单词时指向那样事物，婴儿学习语言的速度会更快。

譬如，你在说"看，月亮多美！"的时候，需要用手指着月亮给他看。

说"花儿真美！"的时候，也需要指着花朵。

这样，他才会把事物的名字和你的发音连接起来。

和婴儿说话时不需要用"BB话"，用普通言语更好，因为这有助他们增加语汇。但说话时可以提高音调，慢慢说，这样婴儿会听得更清晰。

最初，对着一个不会回应的婴儿，单方面地说话，会有点怪怪的，但很快就会习惯。

因为婴儿是你的最佳观众，你待他好的话，他会是你最忠实的粉丝呢。

互相凝视

新生儿在一星期左右就能认识父母的脸孔，多让他看到你的脸孔，让他认识你，信任和爱上你。

特别要看他的眼睛，锻练他的注意力。

从看你的脸，他学习如何识别人的表情，和如何表达自己。

和婴儿玩耍的时候，可以做一点夸张的表情，譬如伸出舌头、大笑、大哭等等。

我时常和孩子们玩表情游戏，逗他们笑，其实就是在锻练他们的观察能力。

新生儿喜欢模仿他人的面部动作，给他示范多种表情，让他有多点模仿的机会。

有表情丰富的父母，宝宝的表情也会多样化，也更能分辨出对方表达的信息。

为宝宝唱歌

多为宝宝唱歌。婴儿喜欢重复的节奏，爱听妈妈的声音。

不一定要唱得很好，只要是轻快、柔和的歌曲就可以。睡觉前可为宝宝唱摇篮曲，习惯之后，一听到你唱摇篮曲，宝宝就自然会睡觉。

尽可能让宝宝多学习歌曲，因为可以锻练他的记忆力。

譬如英文字母，包括我自己在内，都是从歌曲学会的。越多提示，人的记忆越能巩固。也就是说，因为歌曲有旋律、节奏和歌词的三种提示，用歌曲来学习，比较容易记得。所以小时候学的歌曲，长大后还能记着，但小学的课本就早已忘记。

更有一些研究表明，学习音乐节奏与学习数学有关。

所以多为你的宝宝唱歌，不但开心，对他的头脑发展也有帮助。

因为我是歌手，所以我在育儿期间，唱了很多歌曲给我的小孩子们听。还灌录了世界童谣摇篮曲一百首，带给孩子们很多美好的回忆。

孩子们特别喜欢的是我自己胡乱编唱的歌曲。尤其是我自己胡乱编唱的有趣歌曲。一边抱着他们，一边跳舞，一边唱！歌曲并没有特别的内容，但到现在，他们长大了，还记得那种快乐的交流。

你和你宝宝的音乐世界，可以由你控制和创造。这会令你和宝宝的联结更强更深。

数数看

相信每一位父母都曾做过的，就是和宝宝数手指和数脚趾。

当你数的时候要摸着他的手指脚趾，放声地数出来，让宝宝感觉得到、看得到、听得到，这可让他了解到数量的原理。

有很多歌曲也能帮助小朋友学数字的，应该教他们唱。

在日常生活中，也可以时常和他数数旁边的东西，譬如玩具、食品、人数、车辆等等。

告诉他什么是多，什么是少。什么是大，什么是细。

慢慢开始，告诉他什么是圆的、方的、近的、远的。

数学的观念，从小可以学习到。

我记得孩子们还是婴儿的时候，喜欢我为他们吹气球，我有时会吹得大，有时又会吹得小。

另外就是吃离乳食品时，也有时多，有时少。

这些日常的事，已足够帮助孩子们开始理解数学的原理。

关闭电视、电脑、手机

美国儿科学会建议，孩子在十八个月大之前，不应该接触任何电子屏幕产品，包括电视、手提电话、平板电脑等等。两岁至四岁的孩子，每天限制于一个小时，越少越好。

大量研究指出令人震惊的发现。

当零至三岁的孩子迷上平板电脑和智能手机之后，可能会无意中对仍在发育的大脑带来坏影响。

太早的屏幕体验，会令注意力、集中力、感知他人态度和建立词汇的能力，都受到损害。

也就是说，有些父母为了让孩子们获得教育优势，而利用这些产品吸收信息，实际上弊大于利。

零至三岁是大脑发展的关键期间，婴儿的脑袋需要更多外界的刺激，和一对一的互动，以加速突触的成长。

从电子屏幕不能得到同样的刺激，甚至会伤害婴儿的听觉、视觉和大脑的成长，对他一生的发展都没有益处。

花太多时间在电子屏幕上的婴儿，长大后，人与人关系的发展也会比人缓慢，因为小时候没有机会与他人交流，没有机会练习如何在社会中生活。

更可怕的是，屏幕上的操作可以用手指来决定、开关。喜欢看的画面可以重复，得到的快感可以由自己控制。

所以回到真实的世界后，当婴儿满足不了自己的欲望时，就会暴躁，觉得失去控制，哭泣起来。

沉迷屏幕会令孩子自私、贪欲和依赖不停的满足来找到快乐，会变得没有耐心和不愿意努力。

不论是医生、心理学家或教育家，都大力提醒家长，不要在两岁之前给婴儿有任何电子屏幕体验。

我也和专家也拥有同样意见。不要让屏幕帮你带孩子，坚持以真人和孩子交流，否则会影响孩子的一生，后悔时可能就太迟了。

捉迷藏

和你的宝宝玩躲猫猫。拿起一块布遮住自己，让宝宝看不到你，宝宝会惊慌！然后你"哗！"一声把布放下，让宝宝再看到你。

这个游戏是教导婴儿，物体虽然不在眼前，但并不表示它们永远消失。

也可以试试当他和你在房内时，你慢慢离开。当他发现你不在身边时，他会哭。你立刻回来安慰他，他就会知道，虽然妈妈离开，但并不表示不存在。

与宝宝捉迷藏，不仅有趣，还可教导婴儿记着看不到的人和事的存在，巩固他的记忆力。

我喜欢和宝宝玩寻宝游戏，先给宝宝看见一件物品，然后很明显地从他眼前把物件收藏起来，说一句，"啊！没有了！"婴儿会很快得找得到，这时可以慢慢地把游戏的难度提高，例如放远一点、在他看不到的时候藏起来等等。

这个游戏，能清楚感受到孩子的记忆力，判断力和耐心，是可以一边锻练脑袋，一边和孩子玩得开心的活动。

挠痒痒

和宝宝玩挠痒痒的游戏，会令他大笑，和认识自己身体敏感的地方，更能感受到和父母玩耍的快乐。大笑会令孩子分泌出快乐荷尔蒙，使他的脑袋体会到幸福的感觉，令大人和婴儿的联系更深。

这种游戏，更可以教宝宝预期事情的发生。只要你做出要挠痒的动作，很多宝宝就会开始笑和逃避，表示他能预想到对方的行动，和那个行动会造成什么感觉。

这是智能成长的表现。能预想事情，是聪明人的必需能力，也是从小可以锻练的。

一起外出

多带宝宝到外面玩耍，给他接触新事物的机会。

对婴儿来说，每一个地方都有无穷无尽的新知识，所以不要总是做同样的事。今天去了公园，明天去图书馆，后天去动物园，星期天去探望外婆等等。

有些时候走路，有些时候坐巴士，有些时候坐轮船。让宝宝体验这个世界上的各种事物。

你可以用说话的方式介绍新事物给他听，给他看，介绍后让他慢慢吸收。譬如说"这里的花真香！"他有兴趣的话，就让他去享受花香。

"你看浪花很美丽！我们去洗脚吧！"然后抱宝宝到海边，让他享受浪花冲向小脚的感觉。

带他一起去购物，看看不同的人和食物。

不要总是留在家里，每天都带宝宝去看不同的东西，不论只是后街的面包店，还是晚上的星星，对宝宝来说都是大脑发展的好机会。

不能上街的时候，把他的高脚椅不时换一个位置摆放，让他看到不同的风景。用不同的餐具，吃不同的东西，总之就是每天都给他新的事物观察，让他的脑内突触成长得更多。

学习因果

宝宝到六个月大左右，会开始探讨行动的结果。从这个时期开始，可以教导他因果关系的道理。

譬如他把玩具丢到地上，弄坏了。这时你需要告诉他，"很伤心，破了！怎么办？"以表达你的痛心，让他明白这是不可以做的事。重复告诉他，因为你这样丢了，所以玩具坏了，妈妈难过了。

又譬如他出手打人，你就要告诉他这是不可以做的事，而且要表示难过、哭泣、痛苦。让他知道他的行为伤害了他人，那是因为他的行为造成的结果，要解释清楚给他知道因果的关系。

当他做了好事时，一定要奖励他。

譬如，他把食物分给你，要用夸张一点的表情多谢他，表示你的喜悦。这样他会知道，因为他做了这个行为，所以能带出喜悦的结果。

对几个月的婴儿，已经可以开始教导道德和因果关系的理论。

积木之类的玩具，也可帮助宝宝学习因果关系和"如果……那么……"的推理。

譬如，"如果"他把积木堆得太高，积木会掉下来。他就会明白自己的行为会制造出一个结果。这个推理，是智能成长非常重要的过程。

锻练身体

锻练身体和脑袋的成长有很大关系，所以要和你的宝宝一起做运动。

其中一种我喜欢做的运动，是把自己的身体当做运动场，让婴儿在身体上爬来爬去。妈妈可以用脚、用手，把宝宝抬高放下，他们会觉得非常高兴的。

也可以为宝宝做全身按摩（详细请参考第 8 章）。

当婴儿开始会爬的时候，可在家里找一个安全的地方，让婴儿跟着你爬。当他习惯之后，就到你跟着他爬。这不但是很好的运动，也能锻练他了解服从和领导的过程。

简单的爬行学好之后，还可以建立障碍物路线，让他用小脑袋转左转右，找方法回到你的怀抱。

不要催促你的孩子学走路。每一个婴儿成长的速度都不同，有些早在八、九个月就会开始站起来，有些会迟一些。不用担心，让宝宝找到自己的节奏。

多一点爬行的时间，也可以为婴儿建立肌肉，并没有不好的影响。

宝宝踏出第一步，是每一个爸爸妈妈最开心的瞬间！那种喜悦，是不能用言语来形容的。

双手游戏

用双手玩的游戏，对宝宝来说是非常有吸引力的。

因为宝宝最爱的人就是妈妈，用你的双手与宝宝互动，是非常好的交流。拍手，用手模拟小动物，点点他的肚子，一边唱歌，一边教他身体各部位的名字……这种宝贵的时间，会让婴儿对自己的身体有更多的认识和接受，提高他的自我肯定能力。

也可以让宝宝摸你的脸，告诉他"这是眼睛"、"这是耳朵"等。

用双手来玩耍，可提高婴儿的身体和大脑协调。

刺激感官

刺激婴儿的感官，对大脑的发达非常重要。

有很多活动可以达成这个目的。

譬如让婴儿碰碰冰淇淋，感受那寒冷的感觉；用柔软的毛巾帮他抹身，告诉他这是柔软，但帮他梳头用的小梳子，却是硬硬的。

让他摸摸小猫，碰碰小花朵。弹小钢琴，听琴声。打小鼓，听鼓声。

开始吃离乳食品时，多给他不同颜色和不同味道的食物，令宝宝在视觉上和味觉上都得到新刺激。

给他看不同颜色的东西，指出每一种颜色的名字，让他享受这个世界的色彩。

刺激婴儿的感官，会令他对环境敏感，注意力增强，好奇心提高，对生活和世界更有兴趣，丰富他的人生，也能够令脑袋的每一部分得到刺激，加速成长。

迅速的响应

大人对婴儿的要求有迅速的反应，婴儿才会建立对人的信任。

当婴儿可预测到大人的反应，他就会学习相信和理解世界。所以大人的反应要尽可能保持一致。

　　又如果你的宝宝有不当行为，例如打另一个孩子时，你要耐心的解释那为什么是错误的。要明确地表达道理，不要用恐吓的方法，譬如大声责骂或用手打他。

　　要严谨但温和地去告诉他什么是对，什么是不对，这可以帮助你的孩子学习感受、关心、分享和善良。

　　你耐心的教导和温和的反应，会令婴儿建立更多大脑突触，大脑回路的连接就越好。这不仅有助于语言和认知学习，更有助于情感上的发达。

　　聪明的婴儿是快乐的婴儿。充满好奇心，懂人意，能感受别人给他的爱，注意力集中，表达力强，爱学习，吃得好，睡得好。

　　聪明的婴儿不是天生的。不论有多非凡的遗传因子，如果没有后天的关注，婴儿也不会有健全的发育。

　　要提高婴儿的智能，取决于你对他的爱护。"爱在起跑线"就是这个道理。

08

亲子

关系

BONDING
WITH BABY

我时常说，生小孩子只是成为妈妈的第一个阶段。

真的要成为妈妈，是需要和孩子相处的。亲子的联系，是培养婴儿非常重要的过程。没有健康的亲子关系，育儿会变成崎岖难行之路；有巩固的亲子关系，育儿就会成为快乐和轻松的旅程。

研究指出，有深厚亲子关系的儿童会有更多爱心、高度的自我肯定能力和解决问题的智慧。而且亲子关系好的婴儿会睡得好、消化得好，长大之后记忆力会比较好，不容易忧郁或肥胖。

建立亲子关系的方法，主要是留心关注你的婴儿，多与他交流，这是每一个父母都能做得到的事。

亲子关系可以从怀孕时开始培养。

胎儿从在妈妈肚子里开始，就可以听到声音。多点向肚子里面的小生命说话，唱歌，可以让胎儿认识你的声音。你也可以用想象力，想象你孩子的模样、你当母亲的角色，作好心理准备。

但婴儿诞生后，有些新手父母会觉得压力很大，面对着新生儿，有点不知所措，不知道婴儿在要求什么，失去做父母的自信心，怀疑自己不能周到的照顾婴儿成长。

这种感觉其实是非常自然的。因为新生儿是一个陌生的存在，需要一段时间来互相理解。但因为婴儿不能像大人一样表达自己，所以新手父母觉得与婴儿沟通有困难，是正常的反应。

有些父母一看到宝宝就会爱上他，但有些父母则需要一段时间才能接受婴儿。不要责备自己，为什么对宝宝不是一见钟情。每个人的反应都有分别，感情是可以培养的。但亲子关系会左右你和婴儿的幸福，建立亲密的亲子关系是快乐家庭的条件。

我想在这里分享一些小提议，帮助你与婴儿建立美好的亲子关系。

自然分娩

很多专家认为，自然分娩是建立亲子关系最佳的方法。

妈妈经历阵痛，胎儿通过产道，这共同的艰难体验，会增加互相的连结和共鸣。所以很多妇科医生都推荐自然分娩，希望能增强妈妈对小生命的爱意。

很多妈妈，包括我自己在内，经过了痛苦的自然分娩之后，会变得更坚强和勇敢。听到小生命出生后的第一道哭声时，心中无数的思念，难以形容。除了松了一口气之外，喜悦的程度也是独一无二的。泪水流下来，大笑，所有紧张的心情也得到解脱，身体也轻松了。感动、感激、感谢之心，把那一瞬间永远刻在心中。

当然有些特别情况不容许自然分娩，母亲也应依照医师的建议，去做最好的选择。

激发母性

但生产过程后，妈妈的任务才刚刚开始。

为了建立亲子关系，心理学家建议妈妈产后立即拥抱婴儿。也就是说还未洗澡，也没有用布包好的，赤裸的婴儿。妈妈可以听到婴儿的哭声，嗅到婴儿的味道，感觉到婴儿的肌肤，从而引发出母性的本能。这是在动物世界里最自然的过程，我们人类也不应该例外。

当然，不是每一位医生都会容许母亲立刻拥抱新生儿，所以要和医生商量好，尽量争取早和新生儿肌肤接触的机会。

新生儿应该在出生后一个小时内，吃到妈妈的"初乳"。初乳对新生儿的健康特别重要，充满可帮助小生命对抗疾病的抗体。婴儿吸吮妈妈的乳头，也有助刺激妈妈的身体开始分泌母乳。

因此，这不但对婴儿身体有好处，也对亲子关系有良好影响，是母子身体和心灵相通的开始。

但不是每一间医院都会准许这事，所以要预先和医院沟通，否则会错过给新生儿喂"初乳"的机会。

用母乳喂养婴儿，是建立亲子关系的最好方法。我大力推荐。

Baby wearing

联合国儿童基金会提倡，亲子应多作肌肤接触。

父母把衣服脱下，把赤裸的新生儿抱着，再用布或背带把新生儿固定后，才穿上外套。这样能令新生儿感受到父母的肌肤、身体的温暖和听到父母的心跳声，令他特别安心。父母也能享受到婴儿独特的"BB味"、体温和完全依靠自己的那种感觉，增加父性母性本能。

这个做法称为"Baby wearing"，已慢慢在各国流行起来。做过的父母都异口同声的表示，他们对婴儿的感情深刻了很多。

互相凝望

就如恋爱中的情侣一样，多与你的婴儿互相凝望，可以令婴儿认识你。

尤其当你喂奶的时候，让他望着你的眼睛，他就会知道你是照顾他的主要人物，对你的感情会增加得很快。

与他谈话、唱歌、讲故事的时候，都望着他的眼睛。这样他对你的脸孔、声音都会有认识。只要你在身边，他就会安心。你一抱起他，他就会停止哭泣。

这样不但能令婴儿有一个安稳的环境，而且因为他对你有绝对的信任和偏爱，会令你作为父母，感到特别骄傲。

"你看！我一抱起他他就不哭了！"

"你看！我一离开，他就会要找我。"

这就是当父母的特权！值得你骄傲！

但这特权是需要你和婴儿一起去培养的，并不是生下来就拥有的。

一起睡觉

婴儿诞生之后，妈妈身体还未复原，却要照顾婴儿，所以会很疲倦。

这个时期，喂母乳的妈妈，会分泌出荷尔蒙支撑她的体力。但如果是喂奶粉的妈妈，身体开始回到普通状态，失去产妇的荷尔蒙，会觉得特别疲倦。

我妈妈在我生大儿子的时候对我说："孩子睡时妈也睡。身体最重要呀！"

普通来说，新生儿一天要睡大约十六至二十小时。大部分的妈妈看到孩子睡觉了，就忙着去做家务。但这不是最好的办法。当你婴儿睡觉时，你也应该尽量休息，跟他一起睡，或抱着他闭上眼睛养神。

这样，你的身体才会恢复得更快，母乳分泌得更好，心情也会轻松很多。

这个时期，若有人能在旁边帮忙是最理想的，但就算没有人帮忙，也要尽量与你的婴儿在一起休息，让自己的身体轻松一点，不要太操劳，否则对你和婴儿都没有好影响。家务不做，并不是大问题；伤了身子，后果不堪设想。

和婴儿一起睡觉时要小心，不要压到他或让他窒息。可以分开睡，只要同时间睡就可以了，这样当他醒来时，你才会有充沛的精力去照顾他。

按摩

为你的宝宝做按摩，有很多好处。

心理学家指出，按摩可以令他睡眠质量更好，减少哭泣，更可以帮助脑袋发育、提高免疫力，有助身体成长等等。很多婴儿被按摩时会很高兴，会笑，会动手动脚的表示兴奋。这可爱的表现会刺激你的父母本能，令亲子关系加温。

至于如何按摩你的婴儿，可以在网上找到很多影片参考，在此处省略。

我曾在印度看到一位年轻妈妈为她的宝宝按摩，印象很深。她用椰子油涂在婴儿身上，一边唱歌，一边为宝宝全身按摩。没有什么特别的动作，但宝宝笑个不停，我好像在看一幅美丽的母子油画。

按摩是谁都可以做到的，是增进亲子关系的好方法。

放下手机

照顾婴儿的时候请把手机放下，不要一边看手机，一边带婴儿。

因为专注手机，有好多时候就会忽略了他的要求、表情和要传达的信息。

很多时我在公园看到一些照顾婴儿的佣人姐姐，把婴儿放在婴儿车上，就自己在看手机。那些婴儿大多数的表情都不丰富，呆呆地坐在婴儿车上。这是非常可惜的事情，因为婴儿在这个时期，需要多与人交流，才会有健康的社会、感情和智能上的成长。

所以为了建立亲子感情，带孩子时要把手机放下，把你百分之百的注意力集中在婴儿身上。

如大雨的亲吻

多多亲吻你的婴儿，表达你对他的爱。

我的孩子小的时候，我亲吻他们时是如大雨一般密集的，由头吻到脚背。因为会有点痕痒，所以婴儿会大笑，也会令我笑到肚子痛。

这可以充分表达你的爱，制造更多亲子的快乐时光。

几个月大的婴儿，习惯了这个游戏之后，只要你来到他身边，做出想亲吻他的模样，他知道你将要"如大雨一般的亲吻"他时，会表现出兴奋、期待，又好像拍痒的表情，很逗人的。提议你也试试，一定会令你更加迷恋你的宝宝。

一起看镜子

这个时期的婴儿，可能未必明白镜子中的宝宝是自己，但他会明白你是他的妈妈或爸爸。

多让他习惯看到你和他在一起，不但可以协助他认识自己的存在，更能在无意中把你和他的形象留在他的脑海里。你也能因为看到自己和宝宝多么得相像，从中得到亲切感。

无所不谈

推荐你多和你的婴儿说话。

可能当初他不能理解，也可能没有反应，但你的声音就是他的音乐，可让他享受妈妈跟他说话的时间。

而且你的说话，是他学习语言的来源。跟他说，"这是天空，那是白云，好漂亮啊！""你看，这是花朵，红色的，白色的，又香又美。""这是蝴蝶，飞飞飞。""这是海浪，来了又走。"把世界的美好介绍给宝宝知道。他生活上需要知道的事物，也可以用说话来为他解释。

最初可能会像对牛弹琴，但其实他的脑袋成长得非常快，一直都在吸收你说话的内容。

当他开始有反应的时候，他会用尽全力的去和你沟通的，那个模样，谁能不爱？

找回好玩的和调皮的自己

和婴儿在一起时，你可以做鬼脸，抱着他跳舞，发出怪声音……好像回到调皮的时代，单纯的自己。但这些动作，会带给宝宝无限的乐趣。

带孩子有助父母返老还童，忘记当大人的各种束缚。这是当父母的一个精神上的大解脱，要好好享受。

婴儿会令我们重新发现生活中的小乐趣，如日出、路旁的小花、飞来的小蝴蝶、停不了的小雨。

为了要介绍世界给婴儿认识，我们可以再次感受到身旁的美好。

父母只要活用想象力，是有很多方法可以建立亲密的亲子感情的。

零至十二个月的新生儿，成长得特别快，会从无意识中学会很多东西。所以我们要在这个期间给他留下美好的回忆，否则，无意识中学起来的习惯，到有意识的时候，是非常难改变的。同样，这时期学会的好习惯，也会一生受益。

在这期间，要多用你的爱和关注，给他建立一个美好的知识仓库。

无意识期间留下的回忆也是十分难以抹去的。

好的回忆会令孩子的正能量增加，坏的回忆会令孩子一生痛苦。

所以，要多给孩子灌输和接触正面和美好的事物，让他有足够的正能量，幸福地度过一生。

哺乳类

WE ARE MAMMALS

第四部

哺乳类动物是用母乳育婴的。

通过哺乳的互动，母爱本能被激发，母亲会愿意舍命护儿。

这是生命持续血脉的本能。

哺乳对母亲的负担很大，费时费力。

但在生物进化过程中，表明这方式利多于弊。

人类也是哺乳类，母乳顺其自然，是最佳选择。

09

母乳
为什么重要

WHY
BREASTFEEDING
IS CRUCIAL

每年大约有五百三十万名儿童在五岁之前夭折，其中新生儿占大约一半。

联合国儿童基金会提倡，应在婴儿出生后一小时内立即喂母乳，可以大大降低新生儿的死亡率。

因为从产妇乳房分泌出来的"初乳"，含有能帮助婴儿抵抗病菌的抗体，是婴儿最好的防疫剂。这是母亲可以给婴儿第一份最好的礼物。

所以在婴儿出生之后，赶快给你的孩子喂这珍贵的初乳，帮助他建立一个健康和强壮的身体吧。

除此之外，联合国儿童基金会亦提倡，婴儿到六个月为止都应以纯母乳喂养，从第六个月开始可加入其他食物，但继续喂母乳至两年或者更长时间。戒奶的时期可由妈妈和孩子的需求决定，没有必然的准则。

母乳的好处

母乳喂养的好处实在太多了：

·母乳能提供婴儿在头六个月内成长所需要的营养，包括维生素和矿物质。

·联合国儿童基金会指出，母乳喂养的婴儿，在头两三月的存活率，比非母乳喂养的婴儿高六倍；纯母乳喂养的婴儿，在头六个月的存活率，更比非母乳喂养的婴儿高十四倍。

·喂母乳能刺激婴儿口腔和下巴的正常发育，有助分泌消化和饱腹激素。

·母乳喂养的婴儿，出现肚泻和呼吸道感染的情况特别少，也可以减低各种不良疾病的可能性，譬如肥胖、高胆固醇、高血压、糖尿病、儿童哮喘等等。

·近年的研究指出，母乳喂养的婴儿，因为大脑健康改善，认知能力提高，他们成年后的智力和成就，包括收入在内，都比配方喂养的婴儿优秀。

·除了健康方面，精神上，喂母乳对建立母子关系也有很大的好处。

·母乳喂养有助增强母子之间的连系，确立母子亲情。

·婴儿因为和母亲有肌肤接触，互动的机会多，所以在行为、语言、幸福感和安全感的成长上，都会比其他孩子高。

但很可惜，世界上并不是百分之一百的母亲都是以母乳喂婴儿的。其中从出生至六个月为止都以纯母乳喂养的婴儿就更少了。

母乳有那么多好处，我觉得妈妈们应该尽量争取，用母乳喂自己的婴儿。

母乳不足

有些妈妈指出，因为母乳不足，所以不能喂母乳。

但其实只要有足够的产前准备，例如乳房按摩、洗净乳头等等，大部分妈妈都是可以生产足够的母乳喂婴儿的。

每一个婴儿天生都懂得吸乳。产后一个小时之内，给婴儿喂初乳，可帮助婴儿运用这个能力。

吸的力越强，母乳分泌得越快、越多。若是婴儿吸乳的能力不高，可能会影响你母乳的分泌。

所以要提高婴儿吸乳的力量，方法是让他们肚子饿一下，就会用力吸。用力吸，母乳就会自然分泌出来。用一点耐心，不要着急，不要忧虑，人类是哺乳动物，你的母乳一定会来的。

我生大儿子的时候，因为没有做产前准备，母乳并没有立刻分泌出来。我非常着急，眼看着孩子一天一天的瘦下去，但我的母乳又不出来，当时真的怕会把孩子饿死了。

妈妈每天拿汤水给我喝，但还是没有母乳。过了好几天，终于我的身体开始受到婴儿的吸奶动作刺激，有了反应。母乳一出，就好像喷水池一样，要停也停不下来了。

大儿子虽然饿了几天，但医生说完全没问题，看着他满足地吃奶，令我感动不已，又骄傲又开心，边笑边哭。心想，我真的是个妈妈了。

便利性

母乳是非常方便的。因为母乳的温度永远刚好适合婴儿，也不需要消毒奶瓶，随时可以供给婴儿最佳食品。吃配方的婴儿，则需要消毒奶瓶、奶嘴，以冷热水调整温度，加奶粉，才可以给婴儿服用。很多时候婴儿已饿得哇哇大哭，父母才刚调好配方，满足他的要求。

但母乳只要婴儿在身边，随时可以喂奶。

婴儿需要半夜吃奶的时候，母乳也十分方便，不需要特意起床去弄配方。

对妈妈也有益处

喂母乳的时候，妈妈能得到很大的满足感，会发觉能够用自己的身体来培养小孩子，很神奇，但又很自然。看着在怀抱中的孩子，特别容易产生母爱，增加当母亲的自信心和勇气。那种感觉不能用文字来形容。

喂母乳对妈妈的身体也有很多好处，可以帮助降低产后出血的风险，协助妈妈身体复原，子宫收缩，恢复体形。又因为喂母乳期间不会怀孕，可以自然避孕，减轻妈妈连续怀孕的负担（编者注：目前医学证实：哺乳期并不能完全避免怀孕，妈妈们还是要多加注意。）。

而且母乳是免费的，可以减轻家庭的经济负担。

所以除非妈妈有特别原因，如身患疾病等等之外，我大大推荐用母乳喂养你的婴儿。

工作妈妈和母乳

有工作的妈妈生了小孩子之后，要上班，可能会觉得喂母乳不切实际。但现在很多公司都有六个月的产假制度，我提议妈妈积极利用产假，在婴儿出生后至六个月为止，以纯母乳喂孩子。

如果是必须立即返回工作岗位的妈妈，也可以用吸奶器来吸取母乳，再用妥善的方法保存，交给照顾小朋友的人代喂婴儿。

晚上回家后，可能比较疲倦，但也希望尽量争取喂母乳的时间。

六个月只是一段很短的时间，为了孩子的一生，是值得去努力和奋斗的。

母乳喂养的注意点

·母乳是非常容易被消化和吸收的超级食物，所以母乳喂养的婴儿特别容易肚子饿，吃奶的次数会比吃配方的婴儿较多。

·孩子需要吃奶时，就给他吃，不一定要跟随固定的时间表。孩子吃得多，母乳也会分泌得更多，这是自然的奇妙效率，不可思议。

·在喂母乳期间，妈妈要小心饮食和健康。不可以吃刺激性的食物、抽烟或饮酒。你吃的东西都会经过母乳传给你的婴儿，所以要特别小心。

·喂母乳的妈妈，要准备特别的哺乳文胸和放在文胸内侧的溢乳贴。有些时候母乳会溢出到衣服外层，要留意，避免尴尬。

· 喂奶之前也要清洁乳头，防止不必要的感染。

· 外出时可以准备一两条大的丝巾或毛巾，有需要在公众场所喂奶时，可以拉起来遮掩一下。

离乳

喂母乳最大的挑战，其实是离乳的时候。

六个月之后，婴儿可以慢慢开始吃其他食物，其后要决定从什么时候开始慢慢离乳。决定之后，一定要坚持。

因为孩子会非常渴望继续吸奶，会哭得很厉害。而你的母乳也会继续分泌，胸部会肿胀，很痛。妈妈和孩子都会很痛苦。

但辛苦的时间最多是两三个星期。只要忍耐，孩子和你都会习惯新的生活方式的。

我的三个孩子都是母乳喂养的，每一个都吃了二十个月的母乳。

他们都健健康康，并没有大病，到现在为止，母子关系都非常好。

我深信在喂母乳的期间，我们建立了深厚的信赖和母子亲情。

母乳是妈妈可以给孩子最自然、最珍贵的礼物。而且经过这个过程，妈妈会从一个孕妇、产妇，变成一个母亲。所以不要轻易放弃这份珍贵的体验，因为它可以改变你的一生。

 问问医生，母乳喂养要小心的地方？

 医生说：

> 医学界都主张喂哺母乳，妈妈喂母乳前也要讲究卫生。先洗手，要是从外面回来要先换衣服，接着，清洁乳头，才可以喂母乳。
>
> 婴儿喝完母乳后，妈妈也要洗干净乳头才可以戴胸围，胸围要天天洗换。

吸奶器

　　有的妈妈要上班，要把母乳存储起来，就要使用吸奶器（奶泵）。

　　吸奶的频率尽量模拟宝宝的吸吮需求和次数。每次用吸奶器时，每侧乳房大概吸十分钟。使用前，要把吸奶器重新组装，确保吸奶器干净后，才可以开始吸奶。

　　吸奶前，要先洗干净手，坐在一个安静的环境里，想着自己的宝宝，才开始吸奶。吸出的母乳要放入独立的无菌奶袋或奶瓶，每份六十到一百五十毫升，封好后立刻放入冰箱，并尽量在四十八小时内使用。

　　加热时最好用温水，泡奶瓶或奶包五到十分钟，那时母乳中的油脂可能会浮上来，是正常的，摇匀就好。要注意奶温不要太高。

　　使用完的吸奶器，要在一个干净的洗碗盘里，先用热水和肥皂洗干净，接着把吸奶器所有部件拆开，放进不锈钢锅里用沸水消毒五分钟，然后放进消毒柜干燥，或放在干净的桌子上自然干燥。如果可以放进洗碗机里清洗的话，可能更方便。

10

配方
喂养
方

FORMULA
FEEDING

婴儿配方食品（奶粉）是母乳的营养替代品。

是选择不用母乳，或因为各种原因不能用母乳喂养婴儿的妈妈们，供给婴儿营养的食品。

有些妈妈，可能是因为健康问题不能用母乳喂养婴儿，也可能对于有些妈妈，母乳喂养太困难或压力太大。更有些妈妈选择配方，因为觉得比较方便。

父母或照顾者都可以给婴儿喂奶，互相分担这个职责。爸爸可以通过喂宝宝吃奶，和婴儿建立联系。喂事先挤出保存的母乳，也有同样的作用。

因为配方比较难消化，所以配方喂养的婴儿吃奶的次数比较少。这虽然减低父母的负担，但也不一定是好事。因为难消化，会对婴儿的肠胃增加负担。

与母乳喂养的婴儿相比，配方喂养的婴儿会有更多胃气，容易胃痛，引致哭泣。而且配方含有不能消化的物质，婴儿会容易便秘，排出来的大便会坚硬和有臭味。吃纯母乳的婴儿，大便不会出现这种情况，而且肠胃问题也会较少。

喂母乳的妈妈需要注意自己的饮食，因为成分会从母乳传到婴儿身上。相反，配方喂养的婴儿，妈妈不需要注意饮食，自由很多。这看似是优点，但却令社会上出现了两种现象。

一种是产后妈妈吃的份量比较多，加上不需要忌烟酒和刺激性的食物，令产后的身体复原变得不正常，甚至会肥胖。

另外一种现象，就是妈妈立即开始减肥。这也不是一个健康的选择，因为产后的身体需要充足的营养来回复。所以选择以配方奶喂养婴儿的妈妈，一定要重视自己的身体和饮食，因为宝宝需要一个健康快乐的妈妈。

配方喂养的风险

我了解有些选择用配方的妈妈，可能是迫不得已，或担心宝宝得不到充足的母乳。在给你婴儿配方奶粉之前，让我分享一些配方奶粉的风险。

· 首先就是，配方无法像母乳一样，给婴儿提供妈妈的抗体。也就是说，配方喂养的婴儿会失去妈妈抗体提供的额外保护，受疾病侵害的机会提高。

· 母乳的成份是十分复杂的，人工配方还未能完全复制。而且母乳能随着婴儿的要求而变化，配方就没有这种功能。

·研究表明，配方喂养会改变婴儿的正常肠道细菌，增加他们消化道感染的风险，也可能令免疫出现问题。

·配方喂养的婴儿，患糖尿病、急性中耳炎、哮喘、湿疹、肥胖等疾病的风险比较高。

·配方喂养的婴儿，身体会比用全母乳喂养的婴儿成长得快。但有部分研究指出，肥胖的宝宝并不是最健康的宝宝，因为可能只是体重增加得太快，引致后天的肥胖。

·父母应该了解，一旦习惯了给婴儿喂配方奶粉，母亲的乳房就会减少产生母乳，喂养母乳的意愿也可能会减弱，想重新用母乳喂养会变得十分困难。所以要好好衡量之后，才作决定。

配方喂养的注意点

·决定用配方喂养的妈妈，请小心器具的卫生，如奶瓶盖等，要进行彻底的消毒。先用滚水倒入消毒好的奶瓶，然后加入奶粉，再加入清洁的冷水。

·不要用微波炉加热瓶子，因为微波炉的加热不平均，有可能在奶中产生热点，灼伤宝宝。

· 保存配方奶的时候，不要使用已放置在冷藏库二十四小时以上的奶，一定要丢掉。也不要在室温保存已调好的奶。

· 宝宝不想吃的时候，请把剩下的奶丢弃，不要强迫他吃完，否则会令体重不自然的增加。

· 婴儿配方大部分是用牛奶制成的，所以选择配方喂养的妈妈，要注意婴儿是否对牛奶过敏，如果有，需要寻找其他配方。

· 选择奶粉的时候，零岁至六个月应该选用新生儿的配方，六个月后改换一种配方，到十二个月大之后才可以饮用普通牛奶。

· 父母也可以选择现成的水奶。虽然价钱比较高，但因为独立包装，不用消毒奶瓶，十分方便。

· 选择奶瓶时，大部分专家都建议用玻璃瓶，因为塑料奶瓶含有双酚A，从奶瓶渗入到奶中，有机会导致心脏病、癌症、糖尿病和扰乱荷尔蒙的分泌。

· 奶嘴应选用新生儿的款式，市面有很多选择，长短、软硬都不同，可看看你的婴儿喜欢用哪一种。奶嘴的开孔也有大小，太小宝宝吃得辛苦，太大可能奶出得太快，会令婴儿呛奶。要小心婴儿吃奶的状况，作出合适的选择。

配方喂养其实并不容易，而且风险较高，也需要有计划和保持各种用品的供应。一定要有充足的配方奶粉、消毒奶瓶奶嘴的设备、卫生的冷热水，外出时要携带大量东西，负担不轻。

而且母乳是免费的，配方奶粉却不是。婴儿出生第一年，配方的费用最少需要一万五千港元。如果以母乳喂养，这开支可为宝宝存起来作其他用途。

母乳是自然、便宜、方便和环保的食物。但用配方的妈妈也不要气馁，你们也可以养育出非常健康的婴儿。大家一起加油！

 问问医生，配方喂养有什么注意点？

 医生说：

不能喂母乳的妈妈，就要用奶粉或水奶。

水奶通常是独立包装的，只要把无菌的奶嘴连接上去就可以喂奶了，很方便。用奶粉的，就要先消毒奶瓶和奶嘴，可用蒸汽或沸水，也可用消毒液，确保奶瓶和奶嘴都无菌，才可开始冲奶粉。

　　喂奶时要注意，奶温不能超过四十度，要不然会烫伤宝宝。

　　当然母乳喂养是最理想，但现在奶粉的成份已提高了很多。为婴儿选择适当的奶粉喂养，也可确保婴儿的健康成长。

新挑战

NEW CHALLENGES

　　婴儿每天都在成长变化，父母每天都面临新挑战。

　　婴儿长得快，父母要学得更快。

　　育婴就是和婴儿一起成长。

　　请勇敢地接受挑战，度过难关。

　　三百六十五日过去后，你已经不是以前的自己，而是又骄傲又充满自信的爸爸妈妈。

11

婴儿的

睡眠

SLEEPING
HABITS OF BABY

睡眠是婴儿的基本生理需求。

睡眠可让身体重拾活力，有助婴儿成长、大脑成熟、学习和记忆。

父母要多理解婴儿睡眠的特点，帮助宝宝每天都能享受优质和充分的睡眠。

当婴儿睡眠不足时，他们会变得烦躁、紧张，而且难以照顾。长期和持续的睡眠不足，会导致身体组织受损，免疫系统出现障碍，甚至死亡。

促进婴儿身体发育的激素，大部分是在婴儿深层睡眠时分泌的。因此，严重的睡眠障碍会导致激素分泌不足，妨碍身体成长和引致疾病。

安全的睡眠环境

父母应确保婴儿睡觉时的姿势安全。

专家指出，应让婴儿独自的睡在婴儿床，要仰睡，面向天花。当宝宝可以自己转身或滚动时，还是要尽量让他仰睡，因为俯睡或侧睡会增加窒息的危险。

睡着的时候，婴儿可能会转身，要小心不让他窒息。

在很多文化圈，妈妈喜欢和婴儿一起睡觉。但这种睡觉方式要非常小心，因为每年都有婴儿和父母一起睡觉时因窒息致死。

请为婴儿准备有安全认证的婴儿床和牢固的床垫，睡觉时要确保被子不得超过胸部，也不要放枕头，并应将婴儿的卧室保持在适当的温度。

同房睡觉

若可以的话，我提议新生儿应和父母同房睡。

这样比较容易照顾，可以及时察觉婴儿的所有动静，迅速对他的要求作出反应，令婴儿能更快重新入睡。

婴儿也会感觉到和父母在同一个空间，睡得安心。

我和三个儿子都是同床睡觉的。婴儿睡得很安心，我也容易喂奶。但一定要非常小心，因为在父母熟睡中，婴儿有可能被压到，甚至窒息。若父母不是睡眠轻的人，就要等孩子大一点才开始同床睡，比较安全。

包着宝宝睡

很多父母会在这个时期用包巾把婴儿包起来，英语称为 swaddle。这可以防止婴儿自然反射的张开双手，吓到自己，也可以给他一点安全感，就像在妈妈的肚子里被紧紧裹住一样。

我以前也会包起我的三个儿子。因为他们都是在冬天诞生的，包起来比较温暖和容易抱，也帮助他们入睡。

抱着睡

很多新生儿都喜欢在父母的怀抱里面睡觉，一把他放下就会哭泣。更有些婴儿，需要父母一边抱着一边走路才愿意睡觉，这对父母的负担非常重。

但这个情况，大部分在两个月左右就会改善。父母应互相协助，渡过这个最辛苦的阶段。

我的大儿子在刚出生的时候，晚上一定要抱着睡。当初我觉得很辛苦，但有一天晚上，我改变了思维。我坐在沙发上抱着他，幻想我和他在坐飞机，前往夏威夷度假。幻想着到了夏威夷之后，看到蓝天白云，沙滩海浪，和一家人玩得很开心……慢慢，我焦虑的心情就消失了，很快我和婴儿都睡着了。可能因为自己心情好，宝宝也睡得很好，一觉睡到天亮！

从那一次开始，每逢晚上要抱着婴儿睡觉，都不会觉得辛苦了。

改变思维，可以帮你轻松的渡过难关。

睡多久，睡多少次

新生儿平均每天要睡十六至二十小时，但每次并不会睡很长时间，会分开数次来睡觉。有时睡四小时，但有时只睡四十分钟。

每一个新生儿都有不同的睡眠节奏，除了与他吃奶的多少有关之外，旁边照顾他的人的态度，和他身处的环境也有影响。

新生儿白天都会小睡很多次。大约睡一至两小时，然后醒来一至两小时，这样重复四至五次。夜间的睡眠也是断断续续的，最长的通常有四小时，但有些婴儿在七至八星期左右，可以在晚上睡到五至八个小时。

因为新生儿每次睡的时间比较短，所以晚上会起来吃两至三次奶。父母要有心理准备，新生儿需要过一段时间才可以彻夜睡觉。

·从两个月起，婴儿大约每天睡十三至十六小时。

会小睡两至三次，每次时间会长一点。晚上还会醒来吃一至两次奶。

但有些婴儿仍然需要抱着睡，父母要有耐心。

·四个月开始，每天会睡十二至十四小时。白天醒来的时间会长很多，晚上可睡六至八小时。也就是说可以"彻夜睡眠"了，父母也可松一口气。

·婴儿到达八个月，依然需要十二至十四个小时睡眠。

每天依然会小睡两至三次，夜上睡眠时间有七至十个小时。

这个期间，婴儿会开始爬动，甚至站起来或走路，睡醒时就算没有人在身旁，也不一定会哭叫，可能会起身找妈妈。这是很危险的，要小心不要让婴儿掉下床或受伤。

优质的睡眠会令婴儿更快乐和容易照顾。所以当婴儿醒着的时候，多跟他做运动，与他交流，令他的一天充满各种活动和惊喜。这样，他会自然的觉得疲倦，容易熟睡，醒来的时候就会充满活力，不容易哭泣和烦躁。

婴儿睡得好，父母也睡得好，一家人就会更开心和幸福。

12

理解婴儿的

哭泣

UNDERSTANDING
WHY BABIES **CRY**

哭泣是婴儿最自然的意识表达方法，是他的求生本能。

因为婴儿需要一段时间才可以走动和说话，所以在这之前，他有要求时，唯一的求救讯号就是放声哭泣，求人协助。

请你想一想，要是你被人绑手绑脚，不能动，而且剥夺了说话的能力，只容许哭泣或尖叫。那么我相信，你也会放声哭泣来求救。

新手父母听到婴儿哭泣，会心痛，不知所措，有些时候甚至感到颓丧。但其实婴儿哭泣的原因并不多，只要你理解他为什么会哭，迅速帮他解决问题，哭泣的次数就会减少。

而且只要你留意婴儿哭泣的方法，慢慢你就可以分辨出他在要求什么。那么婴儿哭泣的需要就更少，父母和宝宝都可以开心度日。

为什么哭

婴儿会哭，最主要的原因是饿了、累了、尿片脏了、有胃气、肚子痛、刺激太大了、太冷了、太热了等等。

信不信由你，婴儿的哭声可以告诉你很多事情。

婴儿的哭声并不是只有一种。有很多专家发表各种意见，帮你去解读婴儿哭泣的声音。

说实话，我带大儿子的时候，真的有点不知所措。但不知不觉中，因为我每天都留意他的哭声，渐渐开始了解他在哭什么，而且在他未哭出来的时候，我已经了解到他有什么要求，那么就省去哭泣的必要。

每一个婴儿的情况都不同，我在这里分享的经验和专家的提示，未必可以用在你的宝宝上，但也可以参考一下。

肚子饿了

当婴儿肚饿的时候，会发出有节奏的"欸～呀～欸～呀"的声音，好像在催促妈妈快点喂奶。

那声音是嗲嗲的，并不尖。但若妈妈不在或没有人理会他，就会变成放声大哭，而且会哭到透不过气来，甚至咳嗽，最后筋疲力尽。

但若你迅速的照顾他，他会寻找你的乳房，甚至把手指放入嘴里表示态度，不会大哭，安心吃奶。

不舒服呀!

当婴儿觉得不舒服,譬如太热太冷或需要换尿片的时候,他的哭声是烦躁的,好像在责怪旁边的人不理会他,"呀~唔~呀~唔"的哭声。

男女婴儿的哭声有别,人种也有分别,所以不可一概而论。但当你的婴儿哭了又停,停了又哭,声量持续性得增大,就是表示他不舒服。这个时候应该帮他检查尿片。

若气温热的话,用扇子帮他搧风,比开冷气或开窗更有用。婴儿喜欢看扇子在他视线内有节奏地摇摆,感受到微风有节奏的吹在脸上和身上,帮助他安静下来。冷的话,帮他洗个温水澡,轻轻按摩他的身体,婴儿就会安心地睡觉。

有胃气或肚子痛了!

婴儿觉得有胃气和肚子痛的时候也会哭,但不会大哭。

因为他肚子痛或有气体在胃里,不能用力去哭,所以哭声比较弱小,但脸上会有痛苦的表情。这个时候可抱起他，把他的胃气拍出来，和摸摸他的肚子有没有胀。

很多时候，婴儿是因为便秘或肠内有气体，导致肚子痛。若是便秘的话，请与医生商量如何解决。否则婴儿这种哭泣不会停止，对他吃奶和睡觉都有坏影响。

累了！想睡

还有一种就是当婴儿累了、想睡的时候的哭声。这种哭声是从大到小的，只要抱起他、呵护他，很快就会停止。

但有些时候婴儿又会做恶梦，突然醒来。那么只好重新抱起他，再呵护他入睡。

原因不明的嚎哭

有些时候婴儿会嚎哭。当他不顾一切的大哭时，父母需要找到原因。

·譬如在飞机起降的时候，因为气压问题，婴儿的耳朵会非常痛楚，哭个不停。这时可以给他吃奶或喝水，吞咽的动作有助调整耳内气压。耳朵不痛了，婴儿就会止哭。

·也有些时候因为周围的声音或灯光太过刺激，婴儿受不了，会头痛，那么也会嚎哭。这时应带婴儿到一个安静的地方，让他的五官休息。

我最喜欢的就是带宝宝到外面去散步。抱着他一面轻声唱歌，一面和他慢慢走。无论在午夜也好，早晨也好，这个方法都会令婴儿安定下来。外面的空气对婴儿有极大的安抚能力。若婴儿一直在哭，但找不到其他原因，可以试试带他到外面散步。

另外一个有效方法，就是带婴儿坐车去兜风。车子的震动和声音，似乎可以帮助婴儿安静。

当婴儿有病，譬如发烧、发炎等等时，也会嚎哭。有时可能是因为肚子痛，如果喝点暖水都缓解不了，请立即请教医生。若发觉婴儿发烧，也应该立刻去求诊

喜欢哭的婴儿，会给爸爸妈妈很大的负担，但其实最辛苦的是婴儿本身。所以不要烦躁，只要有耐心，你和婴儿的沟通一定会改善。

Colic（疝气痛）

很多新生儿都会哭闹得非常厉害，英文称为 Colic。

Colic 和一般哭泣有什么分别呢？医学上是以多少和多久来决定的，一般的见解，持续三周以上、每周至少三天、每天至少三个小时不明原因的大哭，就可定义为 colic。

如果你的宝宝有这种情况，的确很难应付。但请记住，大部分的婴儿在六周开始，就不会继续哭得那么厉害，所以只是短期的问题。

请你试试各种安慰婴儿的方法，如果觉得自己无法应付，怕可能会伤害孩子，请立即寻求帮助。

绝对不能摇晃婴儿

"摇晃婴儿综合症"或"虐待性头部创伤"，是指儿童的大脑因身体虐待而受伤。

很多父母或受托者在照顾婴儿时，因为婴儿不停的哭泣，令他们生气或沮丧，于是摇晃婴儿，希望可以迫使他停止哭泣。但如果这种行为过度，有可能会导致永久性脑损伤或死亡，是非常危险的行为。

所以无论有任何理由，也绝对不可以摇晃婴儿。

先攻为快

婴儿的哭泣，对新手父母来说，的确是一个大挑战。但其实人的心情是会被感染的。如果你感到烦躁，有压力的话，这些情绪也会感染婴儿，婴儿就会哭得更厉害。

为了避免让婴儿哭得厉害，最好的方法就是去观察，理解婴儿的讯息，在他哭泣之前，做好对应功夫。

我的大儿子是三个孩子之中，哭得最多的一个。不是他喜欢哭泣，相信是我这个新手妈妈，当时不知道如何迅速去照顾他。但因为我花了很多时间去观察他，很快就能明白他的讯息。当他还未开始哭之前，已经满足了他的要求，所以哭的次数大大减少了。

我的方法就是"先攻为快"。

譬如他应该开始肚子饿的时候，我就去问他，"肚饿了吗？要吃奶吗？"不需要等他哭，就已经满足他想吃奶的要求。我觉得有点热，就会去问他，"是不是很热呢？来，妈妈给你扇扇。"又帮他把衣服换好，让他舒舒服服，省去泪水。过了数小时，我会去问他，"尿片还干吗？给妈妈看看。"不需要他要求，我就帮他弄干净，那么他就不需要用哭来告诉我。差不多睡觉的时间，我就先把他抱起，慢慢哄他，让他睡觉。

我这个不给他机会诉苦的方法很有效，我的三个孩子都是快乐宝宝，很得人心。若不是父母亲自照顾婴儿，也可以告诉受托者这个方法，省却婴儿无谓的哭泣，令婴儿和旁边的人都更舒服，轻松很多。

若你是婴儿的唯一照顾者，而你的婴儿又哭得比较多的话，不要一个人孤独地去面对，可以向有关部门求助，让你和婴儿得到专门的辅助。

13

离乳
过程和食品

SOLID FOOD
INTRODUCTION

离乳，是指引导依靠母乳或配方奶的婴儿，开始吃固体食物。

这并不表示完全戒奶，而是给婴儿补充食品。

开始给婴儿吃固体食物，对父母和婴儿来说，都是又紧张又兴奋的过程。

食物是健康之源，健康是幸福的基础。所以离乳是为你孩子的一生作好准备的重要阶段。

什么时候开始

大多数健康专家建议，婴儿可以在大约六个月起。进食固体食物。

因为这个年龄的婴儿，开始需要吸收从母乳或牛奶中满足不了的额外营养。

如何知道自己的婴儿可以开始进食固体食物呢？

专家认为有几个条件：

·首先，婴儿要坐得好，能稳定的坐在高脚椅上。

·要能控制头部和颈部。

·当大人把食物放进婴儿口中时，他愿意咀嚼，而不是反射性的用舌头把食物从口中推出去。

·还要观察婴儿能否看到食物在那里，能否把食物拿起，放到嘴里。这表示他有充分控制眼、手和口的能力。

很少有婴儿能在六个月前达成可以进食固体食物的条件，但如果你的婴儿已有这样的迹象，但还没到六个月大，请向儿科医生咨询可否开始。

婴儿开始吃固体食物之后，也要继续喂母乳或配方，保证婴儿能得到充分的营养。

刚开始时，宝宝吃多少东西并不重要。关键是让他们学习咀嚼和吞咽，接触和欣赏各种食物的味道和口感。

吃饭了

中国家庭大部分是用汤和粥（米糊），作为婴儿最初的离乳食品。

谨记不要加盐或糖在食物中。

煮至柔软的蔬菜和水果也可以给婴儿食用，更可以逐渐加一些新鲜的肉酱，看看婴儿是否能接受。

有些婴儿不喜欢离乳食品的味道，那么你可以加一点母乳在食物中，这会令婴儿容易习惯。

随着婴儿成长，离乳食品也应有所转变：

·六个月的婴儿最重要的是学会吞咽。

·七、八个月开始会动着小嘴练习咀嚼。

·九个月开始，婴儿可以吃不太硬的、切碎了的粉面、蔬菜和水果等等。

刚开始离乳的时候，一天大约吃固体食品一次。

尽量为婴儿提供不同的食材，让他体验到各种颜色、各种味道、各种口感，培养他喜欢和欣赏各种食品的好处。

慢慢，进餐的次数可以增加到两次，到大约九至十二个月的时候，可以每天吃三餐，为他建立一个有规律的饮食习惯。

我的大孩子是吃上汤粥作为离乳食品的，慢慢在粥里加肉酱和蔬菜。生二儿子的时候，我刚好在美国攻读博士学位。因为生活非常忙碌，他离乳时吃了不少果蓉、奶酪。虽然也有吃中式的离乳食品，但没有哥哥的讲究，我到现在还有一点内疚。三儿子离乳的时候在日本，所以中日合璧，吃得特别丰富。

因为我尽量在离乳食品中为他们提供各式各样的食材，所以他们完全没有偏食，长大后也能管理自己的饮食健康，对烹饪也十分有兴趣。

观察孩子对食物的反应

每天观察孩子进食之后的反应，是非常重要的。

我会看看他的排便有没有异常，看看他是否对食物有敏感或偏食倾向，留意他吞咽和咀嚼的状况是否正常。

慢慢你会知道什么食物特别适合孩子，能分辨出他的体质，给他提供更健康的食品。从离乳开始，尽量选择健康的食材，保证小身体不会受不良的添加品影响。

不应该让孩子吃喝过甜的食品和饮料，以免他过分肥胖或得糖尿病。

不需要强迫孩子吃太多，否则他会弄不清楚自己的食欲，长大后不能控制自己的食量。

尽量让孩子吃不同种类的食品，让他习惯和认识各种味道，避免他长大后出现偏食。

虽然面前的只是婴儿，但已经可以开始锻练他的饮食习惯。好的饮食习惯是孩子一生的财产。所以从他吃的第一口开始，辅助他建立一个健康和美味的饮食人生。

避免食用的食物

有些食品我们不能给婴儿食用。相信大家很熟悉，但也提一下。

·生鸡蛋可能含有沙门氏菌，会使宝宝生病，不能让婴儿食用。

·蜂蜜含有肉毒杆菌，会引起中毒，切勿给十二个月以下的婴儿食用。

·含糖的饮料也不是好选择。糖会损害牙齿和引致肥胖，当我让婴儿喝果汁的时候也会加冷开水，稀释糖分。

·婴儿的肾脏尚不能应付过多的盐分，要避免加盐的食品。

·未经消毒的乳制品可能含有会引起感染的细菌，不适合婴儿。

·其他如低脂食品、即食品等等都要避免。

小心谨慎

开始吃固体食品的时候，有些地方我们要小心：

·第一是食物过敏。要小心观察宝宝可能对某些食物过敏，尤其是家族病史中有食物过敏的话，风险会更高。（敏感的问题，请参考 17 章）

最近有研究发现，在婴儿六个月之前引入多种食物，可以预防食物过敏。如果你的家族病史有过敏症或婴儿有湿疹，请咨询医生，是否应该早点开始进食固体食品。

·第二是窒息。最开始给婴儿喂固体食物的时候，有些婴儿会呕吐。但这是婴儿身体为了防止窒息的反射作用，不用太惊慌。

窒息是非常危险的，因为这代表有食物阻塞气道，宝宝无法呼吸。当宝宝面色变蓝，不作声或咳嗽时，可能是有食物阻塞气管。严重的情况，宝宝会失去知觉，这时要赶快叫急救车。

在急救车到达之前，要帮忙急救。香港红十字会有教导婴儿窒息时的急救方法，请作参考。https://youtu.be/LKnrPUpM5sM

若父母能参加急救课程，在紧急场合也会有帮助。

为了不让婴儿窒息，父母应做好预防措施。婴儿吃饭时要坐好，不要爬来爬去。有食物放在宝宝面前时，切勿无人看管。不要提供一些危险的食物，例如整粒的坚果、葡萄、蓝莓，或可能含有骨头的肉和鱼等。

"吃"对婴儿来说是一种全新的技能。有些婴儿比其他婴儿能更快地接受新的食物，但有些婴儿会抗拒。请父母继续努力，给宝宝多点鼓励和称赞，一定能成功的完成这个过程的。

一岁以后，宝宝慢慢可以和家人一起吃饭。虽然吃的食物不同，但饭桌的气氛，因为多一个小生命，会变得更加融洽和幸福。

爸爸妈妈请加油！

谈卫生

TALK HYGIENE

第六部

人活着，就自自然然会变脏。

婴儿也是一样。

不能清洁自己的婴儿，需要父母来为他做清洁。

洗澡后换了尿片的婴儿，是世上最可爱可亲的动物。

多谢宝宝活着，多谢宝宝脏脏的。

14

换

上

尿片、

厕所

DIAPERS AND
TOILET TRAINING

新手爸爸妈妈都会有点担心换尿片的问题。

其实换尿片是非常容易的，而且你会有很多练习的机会。

因为新生儿每天大约要换八至十次尿片。直至他学会上厕所为止，平均会用三千五百张尿片。

换尿片的步骤非常简单，不需要学习，但父母可以作好准备，令自己更有信心。

换片站

我建议在家里找一个安全的角落，设立一个"换片站"。

找一张稳妥的桌子或柜子，上面铺好毛巾，放好尿片、棉花球、纸巾、小毛巾等等需要的东西。每当宝宝需要换片时，就把他抱到"换片站"进行。这个方法比较清洁，而且容易处理，不用跑来跑去。

换尿片

父母首先要选择适合婴儿的尿片。

我赞成用纸尿片，虽然并不环保，而且费用也高，但比较卫生和方便。

洗净新生儿的屁股时，我提议用棉花球和温水。因为新生儿的皮肤比较敏感，尽量避免有刺激性的湿纸巾。洗干净之后，要把剩余的水用纸巾抹干，预防感染。

换片前后，大人要把手洗干净，避免传染疾病给宝宝。

当你丢弃用完的尿片时，记着要重新贴好，保持清洁。

换尿片的时候，小心观察婴儿的大便和小便。如果小便有异味或大便有异样的话，请与医生商量。

上厕所

零至十二个月的婴儿，一般父母不会教他自己上厕所。但我为了让孩子们早一点感受到自己的排泄能力，从八个月开始，我开始和他们一起上厕所。

我的做法是，抱着没有穿尿片的宝宝，一起和他面对水缸坐在厕所上，也就是说，不是对着外面，而是反过来坐。这时妈妈不用脱裤子，宝宝的屁股刚好在厕所中心。

然后问他，"要小便吗？嘘……嘘……"用声音帮他带来小便的感觉。多做几次，宝宝真的会撒尿出来，还会充满好奇的望着小便从自己的身体排出来。

大便也是一样。我会对宝宝说，"今天还未有大便，我们去厕所试试看。"到了厕所又是一样，一起坐在坐厕上，一面轻轻按摩他的肚子，一面"唔……唔……"的教他用力，然后耐心等候他大便。当初宝宝不了解，但过了几次，突然发现了如何用力推大便出来。我还记得我和宝宝的惊喜，"哗！真的出来了！你太棒了！妈妈太高兴了！"

因为用了这个方法，三个儿子都在十八个月前后就会告诉我要上厕所，很快就戒尿片了。从小训练，真的有效果。这也是爱在起跑线。

 问问医生，换尿片时的卫生要注意什么？

 医生说：

1. 先把婴儿放到干净的尿布台或换片纸巾上；
2. 打开尿片，把脏污的尿片折起来，放在一边，

不要让婴儿接触到；

3. 用清水浸泡过的棉花或湿纸巾洗屁股，务必从前面向后洗；

4. 用干纸巾或干布，刷干净包尿片的范围；

5. 在屁股及附近涂上油膏；

6. 换上新尿片，包紧后才穿衣服；

7. 洗洗宝宝的手，然后把宝宝放在安全的地方；

8. 把脏污的尿片、用过的棉花或湿纸巾，一起扔进有盖的垃圾筒；

9. 把尿布台刷干净，或把换片纸巾换掉。

15

洗澡

BATHING
PROCEDURES

为了保持婴儿干净，请隔天为婴儿洗澡。如果婴儿喜欢洗澡的话，也可以每天帮他洗，每次大约十分钟左右就足够。

至于在什么时候洗澡的问题，其实只要找一个宝宝不累的时间就可以。若你是全职妈妈，早上或下午非常适合。若你是工作妈妈，晚上回来之后也可以。因为洗澡是你和宝宝交流的贵重时间，尽量亲自为他洗澡，加强亲子联系。

洗澡过程

洗澡前，为婴儿准备一个婴儿塑料浴缸，放大约五英寸深的水，水温摄氏三十七至三十八度左右；若是有皮肤过敏的婴儿，水温应是大约三十四度。把需要的东西都准备好：毛巾、婴儿肥皂、干净的衣服和尿片、棉花球等等。

洗澡的地方不一定要在浴室，也可以在一个温暖的房间。

为新生儿洗澡是比较难的，因为婴儿的头部和颈部仍未牢固，大人需要一手托住他的头和颈，另外一只手来帮他洗干净。我的手比较小，所以当初要等爸爸回家帮忙，才能为婴儿洗澡。

但习惯之后，就不会觉得那么困难。

在放婴儿进浴缸之前，先用湿毛巾或棉花球把婴儿的脸洗干净，然后小心地托住他的头和颈，轻轻把他放进水里，用小毛巾洗净他的全身。请用婴儿专用的肥皂，避免有刺激性的化学原料令宝宝的皮肤受损。

准备好一个温暖和舒服的地方，放一条大毛巾，抱起洗完澡的宝宝，放在毛巾上包起抹干。若你的婴儿皮肤比较干燥的话，可以为他抹一点润肤油。帮他穿好衣服后，抱起他，赞扬他做得好。

千万要注意

注意，千万不要把婴儿一个人留在浴缸里。

再浅的水对婴儿来说也是非常危险的。尤其是当婴儿可以坐起来之后，看到婴儿一个人坐得很稳定，妈妈忘记了毛巾，以为宝宝坐着没问题，可能就会说，"妈妈去拿毛巾，你等等妈妈。"

但婴儿的行动没有人能预测，若他突然翻身，就会在很浅的水里，在非常短的时间之内溺毙。每年都有这种悲剧发生，所以要特别小心。

让宝宝喜欢洗澡

为了让你的婴儿喜欢上洗澡，你可以一边帮他清洁，一边和他说话唱歌，令他觉得洗澡是非常快乐的时光，那么他就会期待洗澡，不会一见到水就哭。

我有一位朋友妈妈，她的性格比较紧张。

所以每当她帮婴儿洗澡的时候，都会很大声的给旁边的人发命令，又会责骂其他人太慢。因为她情绪激昂，旁边的人又慌张，小宝宝一知道要洗澡就会大哭。

为宝宝洗澡，好像上战场一样。

后来我告诉她，"不要太紧张，尽量保持安静。"

我请她准备好所有需要的东西，叫其他人离开，享受和宝宝洗澡时的二人世界。过了一个星期，小宝宝不再在洗澡时哭了。

妈妈朋友建立了信心，抱着宝宝来告诉我，"原来帮宝宝洗澡很好玩呢！"

没错，只要妈妈有信心、有开心，宝宝就会享受和你在一起的时间。

因为日本有共浴的习惯，所以我和孩子们很早就开始一起洗澡。孩子大约八、九个月，我就会和他们一起洗澡。日本浴室是先在浴缸外面洗干净后才进浴缸的，所以我先清洁自己，然后请爸爸把宝宝交给我，一起进浴缸，好像泡温泉一样。

我特别怀念与宝宝一起洗澡的时光，很温馨很快乐。

不独愁

DON'T WORRY ALONE

第七部

育婴时会遇到很多大大小小的问题，最重要的就是不要孤独地去忧愁。

找人谈谈，找专家治疗，找人帮忙照顾婴儿。

一个人去担当所有育婴的责任是不可能的。

你做得到，你是超人。

你做不来，是正常的。

所以不要独愁，多与人商量。

16

产后

忧郁

MATERNITY
BLUES

怀孕和分娩对女性的身体来说，是一件非常高压力和重负担的过程。

分娩时的不安、痛楚、体力的消耗，会引发一连串强烈的情绪反应。

从兴奋和快乐到恐惧和焦虑，经过这激动的过程，有很多妈妈会在生产之后情绪低落。

这主要发生在产后的第一天到第十天之间，是一种短暂的情绪变化，其特征包括情绪波动、焦虑、悲伤、易怒、感到不知所措、哭泣等等。

产后忧郁的原因，还未有明确的断定，但专家认为，这与怀孕期间以及婴儿出生后再次发生的荷尔蒙变化有关。

这些荷尔蒙的变化，可能会在大脑中产生化学变化，导致抑郁。

眼泪来了

大部分的产后忧郁症，通常应在分娩后十四天内减轻并消失。

我在大儿子出生的时候，过了几天，突然觉得很伤感，不知不觉在流泪；又会觉得焦虑，感到自己不知道应该如何照顾婴儿，感到颓丧。

但因为我在怀孕期间，已知道有关产后忧郁的可能性，所以当时我告诉自己不要惊慌，那种感觉是正常的反应，很快就会过去。

要减轻产后忧郁的症状，最好的方法就是和旁边的人谈你的感受。

当时我和丈夫说，"就如书中说的一样，我的产后忧郁来了。"我们两人互相微笑，令我的心情好了很多。

另外很重要的事，就是要吸收充足的营养和争取休息。因为经过分娩，身体失去大量营养和体力，需要好好补充，才能平衡身心的健康。

你不是孤独无援

若可以的话，找人来帮你照顾一下婴儿，令自己不会觉得孤独无援。若你是单身妈妈或旁边没有人能帮你忙的话，也可以上网寻求支持。

忧郁的症状持续超过十四天，则可能表示病情严重，置之不理的话，可能会影响你不能好好地照顾婴儿。

若你发觉自己有食欲不振或过高，对婴儿或自己平常生活失去兴趣，不愿与人交流，觉得绝望等等的症状，就要赶快去找专门人士和医生商量。

记住，不要一个人去忧虑，你不是孤单的。

若身旁没有理解你的人，不要着急，可以帮助你的人，在社会上有很多。

觉得焦虑，并不表示你不是一个好妈妈，你只是需要一点支持而已，不要犹豫，寻求协助。

17

过敏病

ALLERGIES IN
BABIES

问问医生，最近很多孩子都有过敏病，可否为我们解释过敏病的原因、喂养婴儿时的注意点，和照顾过敏婴儿的方法？

 医生说：

过敏症影响着世界上三分之一的人口。

过敏大多是遗传的。如果配偶其中一个有过敏症的话，孩子就有百分之四十的机会患上过敏症；要是配偶两个都有过敏的话，孩子过敏的机率更会上升到百分之六十。家族病史有过敏的，孩子过敏的机率也不低。

医学界还没有方法预防过敏症的发生，初步的建议，并未能得到整个医学界的共识。

很多人都有过敏的基因，但不一定每个人都会发病。为什么呢？因为，基因的启动是它与环境互动的结果。如果基因没有被环境里的过敏原启动的话，过敏基因未必会表现出来，过敏病也就不会发生。只有基因被启动了，婴儿才会患上过敏病。

有的婴儿一出生就过敏，是因为他的过敏基因在妈妈肚子里面时已经被启动了！所以他才会对他自己从来没有碰过、没有吃过的东西过敏。

就免疫系统来说，人生分为三个阶段，零到十五岁是儿童阶段，免疫力不成熟；十五到四十五岁是成年人，免疫系统最强；四十五岁以上，免疫系统开始衰老，返老还童。所以，第一阶段的儿童特别容易患上过敏症。这一阶段又分为三个时段，零到三岁为最幼嫩，最多过敏；三到八岁好一点，八到十五岁免疫系统更成熟了。

故此，初生到一岁的婴儿可以说是最多过敏问题的。

在婴儿期最常见的过敏症是食物过敏，接着是湿疹、鼻子过敏、气管过敏、荨麻疹、过敏性水肿、过敏性休克、接触性皮肤炎等。

食物过敏

食物过敏的症状是怎样的呢？

最常见的反应出现在消化系统：如肚子疼。吃过奶或母乳就哭，怎样哄也哭不停。或是拉肚子、腹泻，又有可能出现便秘、吐奶等症状。

另外常见的症状是湿疹，脸上和肚子长红点，四肢长红斑，长干皮，通常都很痒的，婴儿会抓，会用脸去刷枕头等以止痒。

有的会出荨麻疹，其他症状可能不太明显，例如体重减轻。

湿疹

大家叫的奶癣其实就是湿疹的一种。主要在脸颊上长红点，有时候是分开的，有时候是连在一起的，都很痒。

毛孔角化症也是另外一种轻微的湿疹，多长在脸颊、手臂、腿上。

严重一点的就是红肿皮肤炎，多见在脸颊、手肘、膝盖后面、屁股、肚子等，都很痒。更严重的可能会有渗水、溃烂的现象出现。

鼻子过敏

症状大多是流鼻涕，或是鼻塞，打喷嚏比较少。鼻子过塞可能影响睡眠和吃奶。

气管过敏

咳嗽、哮喘、呼吸困难或急促，都可能是气管过敏的症状。如果感染到致病源，症状会更严重。凡呼吸有问题，一定要早点就医，因为可能会致命。

荨麻疹

也叫风疹，像给很多蚊子叮过一样，一片片不规则的红肿块，在不同部位的皮肤表面浮起来。症状可以像风一样很快退掉，也可以维持几天，都很痒。

过敏性水肿

是比较严重的过敏症，多发在眼帘、眼皮、嘴唇、四肢等，又红又肿，但是按下去时不会下陷，也不痒。

如果发生在咽喉，就会呼吸困难，甚至窒息。所以，发现婴儿有过敏性水肿，一定要立刻就医。

过敏性休克

是最严重的过敏疾病，随时会致命。致敏原刺激免疫系统作出过激反应，微丝血管释放大量血液中的水分到附近的组织，令血压突然降低到休克程度，当主要器官得不到血液供应的话，尤其是心脏和脑部，婴儿就会不省人事，然后很快死亡。

接触性皮肤炎

是身体对接触物作出的过敏反应，例如对金器过敏的，会在接触到金属的皮肤表面发炎，红肿，痕痒。对面霜过敏的，就会在涂面霜的脸上发炎。对尿液过敏的，就会在尿片范围内发炎。

治疗方法

要治疗过敏症，一定要找出过敏原。最好是请教医生，有几种测试方法都可行，例如血液测试、点刺测试、补丁测试等，但以点刺测试最为准确。所谓点刺测试，即是将过敏原的浓缩液点于婴儿的皮肤上，测试有没有过敏反应。

食物是最常见的致敏原。喂哺母乳的妈妈，要检视自己吃的食物，看当中是否含牛奶、鸡蛋，因为这些都是最容易引起过敏的过敏原。可以试试不吃这两种食物，看宝宝的情况会否改善。也可看看宝宝发病之前你吃过什么，慢慢测试避免可能是过敏原的食物，可能会成功。

喂奶粉的妈妈，就可以试试让宝宝吃其他奶粉，如豆奶、氨基酸奶等。如果症状消失，那就是成功了。找出过敏原后，不再让婴儿进食致敏的食物，他的症状就会消失，病情就会好转。

尘螨广泛存在于很多家庭里，是一种重要的过敏原。很多患皮肤、气管或鼻子过敏的婴儿都对它过敏。

要杜绝尘螨，只保持家居清洁是不足够的。尘螨为人掉下来的皮屑为食，所以要清除家里所有能够藏皮屑的物品，如毛毛玩具、地毯、布艺梳化，改用能清洗的物品。床铺被褥都要用热水洗，宝宝的衣服也一样。也可以用天然的精油来除螨。

要是这些都做了，还是没有效果，过敏原又找不到，就要赶快找医生帮忙，检出过敏原，治好宝宝的病。

就是避免了过敏原，皮肤仍是红肿溃烂的话，就更加要找医生帮忙了！

如何照顾食物过敏的宝宝？

如上面提到，喂母乳的妈妈要是发觉宝宝有食物过敏，便要忌口，所有令宝宝过敏的食物都要避免，千万不要吃。

但是，宝宝要开始吃固体食物了，妈妈应该怎么办？已经知道的过敏食物当然不能给宝宝吃，其他的食物又该怎样开始呢？

最新的医学报告发现，越早给宝宝吃容易过敏的花生，他得到花生过敏的机会越少。这个结论跟传统共识是不一样的，所以，在选择给宝宝吃什么时，不需要有太多的包袱。

给宝宝离乳食时，最好先从碳水化合物开始，通常先试大米。把大米放入沸水煮一个小时，然后捞起来，制成糊状（可用茶匙研碎，也用搅拌机，但都要先消毒过），加入母乳，用小茶匙喂宝宝。

第一天给四分一茶匙，第二天二分一，第三

天一茶匙，第四天两茶匙，第五天三个，第六天四个茶匙。如果宝宝吃了六天都没有问题的话，妈妈应该可以放心把米加进宝宝的饮食里了。其他食物处理的方法也是一样。

第二种食物要给宝宝吃的是蔬菜，第三种是水果，第四种是蛋白质，可以是肉类。所有食物都要煮一个小时才可以喂宝宝，为什么呢？因为水煮时，大部分过敏原都会溶进水里面，留在食物里的比较少，不会那么容易引起过敏。

用这水煮的方法，就可以测试到宝宝对什么食物不过敏，可以食用。

要是宝宝吃后立刻有反应，可能是肚子疼，或出疹、水肿、红肿，那他就是对这食物过敏，暂时不适宜食用，应过半年后再试。

另外，妈妈应该事先准备好抗组胺受体拮抗剂，这是一种抗过敏药，可以在药房买到，如果宝宝过敏反应较大，立即给他服用，更严重的，就要立刻看医生。

湿疹婴儿的护理

患上严重湿疹的婴儿需要特别照顾,因为他会感到非常痕痒,所以会有点情绪不稳定,可能哭得比较多,睡得比较差,要妈妈抱得比较多。

湿疹宝宝的皮肤有先天性缺陷,缺油缺水,是非常严重的缺水,所以护理时一定要为宝宝的皮肤保湿。因为皮肤细胞一旦严重缺水,就会死亡,然后引起发炎,皮肤变得红肿、痕痒,抓过后更会受到感染、出血、溃烂等。

首先,千万不要用酒精刷皮肤,也不要用过热的水洗澡(水温要低于三十四度),因为这些都会把皮肤表面的油分洗去。那是皮肤的保护膜,失去这层保护膜,就会让皮肤细胞直接暴露在空气里,水分被抽出,做成伤害。

第二,不要用含酒精和乳化剂的润肤霜、润肤膏、润肤露等,原因也是一样,怕皮肤表面的油分被洗去，令皮肤细胞缺水。

第三，不能让宝宝抓患处，一抓就会让皮肤发炎的情况更严重，更容易感染细菌，更难痊愈。要不让宝宝抓患处不容易，可帮他戴手套，并多在他身旁看管，防止患处恶化。

第四，不能让宝宝直接暴露在阳光下，因为紫外线照射皮肤，就好像抓皮肤一样，做成发炎，很难根治。

第五，洗澡时，最好是用含保湿功能的沐浴油，千万不要用肥皂。

总之，最重要的是做好保湿，每天隔几个小时就为宝宝润肤。先涂水，最好是特效的保湿水，然后才薄薄的涂上一层润肤软膏（不能含乳化剂），务求宝宝的皮肤经常都是湿润的。

保湿的功夫做得好，湿疹会好一半。

气管过敏的宝宝很脆弱？

要照顾气管过敏的宝宝是不容易的。问题不

是怎样去医治宝宝，因为发病时一定要由医生照顾，而是怎样去预防他发病。

首先，要为他避免过敏原，无论是食物、空气里的、床上的，都要尽量从环境里清除，不要给宝宝有机会接触到。

第二，不要让宝宝生病。要穿得暖，不着凉。不给宝宝去容易感染病菌的地方，不接触有传染病的人。有一点流鼻水便赶快看医生，不能让病情恶化。因为病菌是最强的过敏原，气管的反应最为强烈。

第三，不给生冷、冰冻的食物宝宝吃。宝宝的食物应该是熟的、温的，因为煮熟的食物过敏原和病菌都比较少，减低过敏和生病的机会。况且，生冷食物经过食道时有机会刺激气管，引起气管收缩。

记着，每一次发病都会留下痕迹，长此下去，宝宝将来的肺功能就会降低，对成长构成障碍。

故此，要是家里有一个过敏的宝宝，一定要找一个你信赖的医生，找出宝宝的过敏原，小心地保护宝宝，让他可以正常地成长。

18

托儿
的问题

CHILDCARE
CONCERNS

有很多妈妈因为工作上的原因，需要找人帮忙照顾婴儿。把自己的宝宝交给别人照顾，妈妈会忧虑是否找到了最佳人选，精神上的负担比较重。

在香港，有很多年轻妈妈会把婴儿交给祖父母照顾。因为对方是自己的父母，妈妈可以比较安心。

也有很多年轻家庭会聘请外佣，宝宝就会交给外佣照顾。

更有一些妈妈利用托儿所，把婴儿交给专人照顾。

父母把婴儿交给受托者前，一定要看清楚他究竟是否适合你的宝宝。

无论用什么托儿方法，父母要保持和宝宝的密切联系，让宝宝知道谁是爸爸妈妈，也要尽量坚持自己作为主要照顾者的身份，否则婴儿不会懂得你是他最重要的人，感受不到你的爱，长大后有可能对你没那么爱护和尊敬，这是很可惜的结果。

祖父母

交给祖父母照顾的时候，爸爸妈妈要留意是否能与婴儿建立巩固的联系。若婴儿只愿意和祖父母交流，爸爸妈妈就会失去教导和爱护孩子的主导权。

也要明白祖父母是上一代的人，他们的教育方法是否适合要面对未来的婴儿？还有你与你父母的教育宗旨是否一致呢？祖父母因为疼爱孙子，可能会造成溺爱，令孩子变得任性，难以教导。

当然，这些忧虑，可能在婴儿出生之后的十二个月，不会有太大的影响。但你需要决定，究竟要让祖父母带小孩子多久呢？如何令小孩子知道，你虽然大多数时间不在身边，也是尽了全心全力的去爱护他呢？

这对小孩子日后待人处事的态度，会有重大影响。

所以在孩子出生的时候，爸爸妈妈应该好好讨论，如何处理把婴儿交托给祖父母的期间和方式。

我有几位朋友，因为孩子出生后立即交给父母带，到现在也没办法和孩子们建立密切的关系，所以作出决定前请三思而行。

帮佣人

交给外佣或保姆照顾小孩子的家庭很多，相信大部分都没有什么问题。

有很多外佣姐姐或保姆，都会非常爱护受托的婴儿。但这本书也提过，从出生至十二个月为止，充分的爱护、关注、不时提供新事物的刺激、人与人的正面交流，会直接影响婴儿大脑的成长。得不到以上照顾的婴儿，会失去建立健全脑袋的机会。婴儿的一生，会受照顾者的做法变好或变坏。

因为这是一个重要的成长阶段，父母要好好的跟外佣或保姆商量，教导她们如何去照顾婴儿，给孩子一个充满爱心和多元化的环境。

很多时候我到公园散步，会看到很多外佣和婴儿们。外佣们一起谈话，看手机，婴儿们就各自坐在婴儿车上，呆呆的缺乏表情看着空气。

见到这种情况，我觉得非常痛心。因为婴儿需要不时的关怀和刺激，来帮他们建立一个灵活的脑袋，如果每天当父母上班的时候，婴儿大部分时间只是睡在床上或坐在婴儿车上的话，他们有可能会发挥不到自己的可能性，输在起跑线。

所以交托婴儿予他人的父母，要小心观察婴儿的成长。看他是否有灵活的反应，丰富的表情，会否踊跃的与人交流。若看不到正常反应的话，要多用时间与宝宝交流，令小宝宝有充足的刺激来促进大脑的成长。看婴儿肥肥胖胖，并不表示没有问题，因为内心和脑袋的成长，也是我们需要担忧的。

托儿所

把婴儿交给托儿所的父母，应在怀孕期间，多去参观各种托儿所。

留意托儿所的设备是否充足和卫生，观察里面的婴儿和小朋友的表情和状况，看看他们是否满足和欢乐。更要观察在托儿所工作的老师和保姆是否能迅速的对应孩子们的要求，是否宽容和充满爱心。

当你决定了托儿所，把婴儿送进去之后，也要小心留意婴儿的变化，譬如体重、睡觉的情况、表情等等。若果觉得托儿所并不理想的话，应尽快下决断，换另一所或寻找其他托儿方法。

很多父母可能觉得，零至十二个月的婴儿什么都不懂，谁来照顾也不会留下什么深刻印象。其实这种想法是错的。

　　婴儿从一出生之后就不断的在学习，不停的在感受，在无意识之中吸收的东西会留在他脑袋和心灵上，是很难改变的。

　　如果他在这个期间，觉得世界是可以信任，而自己是有价值被爱的话，他的自我肯定能力就会提高。

　　但如果他在这个期间得不到充分的照顾，觉得自己价值不高的话，他的自我肯定能力就会降低。

　　所以虽然零至十二个月的婴儿不会说话，但我们当父母不能轻视这关键的阶段，一定要灌输无限量的爱去养育婴儿。

　　受托照顾者是父母育儿的伙伴，所以父母要多了解他们的性格和做事的方法。能找到一个理想的照顾者并不容易，但请不要气馁，最重要的是你和婴儿的联系。

　　尽量找时间多和你的婴儿共处，不要让他度过寂寞和单调的十二个月，浪漫了成长的黄金期。

小心好

BETTER TO BE CAREFUL

第八部

育儿时期最可怕的就是粗心大意。

凡是都要小心好。

不明白的，不可解的，就找医生谈谈。

不用怕人家说你大惊小怪，最要紧的是婴儿的安全和健康。

要做小心的父母，不要做大意的家长。

19

看

医

生

WHEN TO SEE A
DOCTOR

当父母最大的忧虑就是担心宝宝生病。

 问问医生，什么时候要带婴儿看医生呢？

 医生说：

美龄给我这个题目，我觉得很有趣。新手妈妈不是很多都恨不得医生就住在她隔壁，随传随到的吗？为什么到婴儿长大一点，妈妈又好像觉得不需要医生，不愿意去做检查？

例行检查

首先，妈妈一定要定期带宝宝到母婴诊所或小儿科医生诊所，去检查和打疫苗。大家出院时应该都会收到一个表，我在这里也提供一个，千万不要忘记去打针，疫苗是预防疾病的最好方法。

年龄	疫苗种类
初生	卡介苗 乙型肝炎疫苗（第一次）
一个月	乙型肝炎疫苗（第二次）
两个月	白喉、破伤风、无细胞型百日咳及灭活小儿麻痹混合疫苗（第一次） 肺炎球菌疫苗（第一次） 乙型流感嗜血杆菌（第一次）
	轮状病毒疫苗（第一次）
四个月	白喉、破伤风、无细胞型百日咳及灭活小儿麻痹混合疫苗（第二次） 肺炎球菌疫苗（第二次） 乙型流感嗜血杆菌（第二次） 轮状病毒疫苗（第二次）
六个月	白喉、破伤风、无细胞型百日咳及灭活小儿麻痹混合疫苗（第三次） 乙型肝炎疫苗（第三次） 乙型流感嗜血杆菌（第三次）
十二个月	麻疹、流行性腮腺炎及德国麻疹混合疫苗（第一次） 肺炎球菌疫苗（加强剂） 水痘疫苗（第一次）

有的预防针是政府免费提供的，有的是自费

的，都值得打。

这十几年来，网上有很多谣言抹黑预防针，说什么会引起自闭症、癫痫等，都是站不着脚的，千万不要相信，否则只会害了宝宝。发达国家和发展中国家都爆发过麻疹疫情，死了人，害了命，就因为妈妈没有为宝宝打疫苗。

第二，一般母婴检查都是安排在宝宝一个月、两个月、三个月、五个月、十二个月的，去打疫苗时，如果宝宝有身体或脑部发育不良的话，也可以尽早被医护人员发觉，及早治疗，为什么不呢？

除了上面说的例行检查，宝宝什么时候一定要看医生呢？

其实，宝宝初生时，已经看过医生了，如果发觉有问题，宝宝就一定出不了医院。可是，现在很多宝宝出生两三天，很多问题还未能察觉时，已经早早回了家，妈妈就要多加留意。

新生婴儿第一个月要注意的现象

首先，新生儿可能会有遗传病，有的遗传代谢病要尽快洞悉，及早治疗才能避免严重的后遗症。

新生儿头一周可能会有黄疸问题，要是血液里黄疸素太高的话，可能会损害脑细胞，甚至对生命构成威胁，一定要多留意。黄疸病是很容易医好的，多用光线治疗，非常简单，父母千万要察觉。

有时，新手妈妈可能不够母乳但又不自知，婴儿吃不够，就可能会脱水，这可对脑部造成永久伤害和对生命构成威胁。脱水的宝宝症状不明显，可能就只是疲倦，和少一点反应而已。

新生儿感染了病菌也不一定会发烧，因为他的免疫系统太弱，不会反应，就连肺炎也仅仅是呼吸比较快而已。

所以，要注意婴儿如果出现以下症状，就要

快去看医生：

1. 非常疲倦，睡不醒

2. 吃得很少

3. 呕吐

4. 呼吸太快

5. 痉挛、抽搐

6. 肌肉无力

7. 没有反应

8. 无意义的伸舌头等动作，可能是癫痫病的先兆，也可能是脑部有问题的症状

9. 小便太多或太少，或有异味

10. 大便太多或便秘，或有血

11. 脸太黄，眼白黄（黄疸病）

12. 脸太黑或紫，可能是先天性心脏病，也可能是感染。

随着婴儿长大，他的反应也开始转变，不过，宝宝还是小，反应跟大人的不一样。察觉到下面

的症状，也是赶快去看医生：

1. 吃的问题：不吃不喝，少吃少喝，给最爱的东西也不吃。

2. 睡眠的问题：睡得太多，昏睡，睡不安宁，边睡边哭，不睡。

3. 哭的问题：哭不停，大哭，用什么方法哄也无效，不停闹别扭。

4. 疲劳的问题：非常疲倦，没有反应。

5. 情绪的问题：不动，不玩，给他最爱的玩具也不要。

6. 大便的问题：拉肚子，大便稀，大便水，大便次数太多，大便有血，大便颜色不对，便结，几天没有大便。

7. 小便的问题：小便太多，太频密，颜色太深（红、啡、深啡），小便太少（一天只有几遍）。

8. 呕吐的问题：吐奶量太多，或太多遍。

9. 又吐又便秘，或者大便出血，就可能是肠塞，不立刻处理，会有性命危险。

10. 发烧。

11. 咳嗽。

12. 呼吸太快（一分钟超过三十次）。

13. 流鼻涕（尤其是黄、绿色的），鼻塞。

14. 出疹，脸、手脚红肿。

15. 痉挛、抽搐等。

16. 突然不动任何四肢：可能有骨折或关节
    脱位。

慢性问题方面，婴儿可能有自闭症、智障、遗传病、心脏病、肾病等，早点发觉，早点医治，有机会好转。

1. 生长发育缓慢:达不到生长指标，不长高，
   不长重，头围不长。

2. 语言发育缓慢。

3. 视力发育缓慢:好像看不见，斜视。

4. 听力发育缓慢:好像听不到。

5. 肌肉发育缓慢:肌肉无力。

6. 脑部发育缓慢：社交发育没有正常反应。

7. 没有眼神接触。

8. 不听指示。

若有以上的情况，及早求医为上。

20

安全
的环境

SECURITY
MEASURES

在发达国家，大部分的婴儿死亡案例，都是因为受伤。婴儿天生好奇，但还未能分辨出什么是安全，什么是危险。

大部分的婴儿意外和受伤，都是可以预防和避免的。在家里为宝宝建立一个安全的环境，是父母的责任。更重要的就是零至十二个月的婴儿，需要有大人在旁边看守。

婴儿的成长速度飞快，可以做出我们预料不到的动作。他们会翻身，爬得很快，会拉东西，把东西放到口里，从高处堕下等。

让我们看看，有什么可以预防和减低婴儿受伤机会的方法：

· 家里不要用玻璃台面或摆放易碎的饰物，避免不小心打碎，伤害婴儿。

· 当婴儿坐在高脚椅、沙发或床上时，不要让婴儿没有人看管。

· 当你抱着婴儿时，不要喝热饮，以防倒洒在婴儿身上。

· 不要把胶袋放在婴儿能拿到的地方，以防止窒息。

· 给婴儿的玩具，应该选择柔软而不会破碎的。更不要买细小的玩具，否则婴儿会放进口中，有阻塞气管的风险。

· 前章有提过，要让婴儿仰睡，不可以让他俯睡，否则会有窒息的危险。

· 小心家里的窗门，要把沙发拉开，远离可以打开的窗门，以防婴儿爬上沙发，打开窗门而坠楼。

· 盖上插座，防止婴儿把小手指伸进插槽而触电。

· 别针、钉子等尖而小的东西，都不要放在婴儿可以拿到的地方，锋利的东西也一样要小心。

· 家里若有楼梯，必须设栏杆，以防止婴儿掉下去。

· 切勿让婴儿和动物单独在一起。

· 所有危险的化学品、药品都要收好。

· 坐车时，要用婴儿汽车安全座椅和绑好安全带。

· 要留意家居卫生，保持家居清洁，防止婴儿受病菌感染。

· 不要在婴儿面前吸烟，也要小心处理烟蒂。因为每年都有很多婴儿，因为吃下烟蒂，而要送医院治疗。

·如你是主要照顾婴儿的人，不要过量饮酒。

要注意的事项，实在数之不尽。

但最重要的，就是保证一直有人照顾婴儿。这是最好、最安全的方法。

待意外发生之后，后悔就会太迟。所以尽自己的力量，去供给婴儿一个安全的环境吧。

? 问问医生，家居卫生如何做起?

医生说：

从宝宝回家的第一天开始，家就要加倍干净。

每天都要清洁地面、家具、玩具、墙壁、浴室、衣服等，不可马虎。宝宝喜欢新奇，经常四处探索，未能自由走动还好，一旦能爬行，就会把什么都往嘴里送。家里不干净，宝宝就容易生病。

　　所有危险和不卫生的东西都要收藏起来。例如电插座等要封起，厨房、洗手间等也要拦起来，不让他爬进去。意外随时可能发生，预防胜于治疗。

21

脐带血

UMBILICAL CORD
BLOOD BANKING

最近的一个热门话题，就是有关储存脐带血。

新生儿出生时的脐带中的血，因为含有很多干细胞，非常珍贵。现在的技术，可以把这脐带血储存起来，以防将来婴儿需要用脐带血来治病时，可以解冻后采用。

因为这是一种新的科技，所以除了有官方收集脐带血之外，亦有很多商业机构推荐父母用高额的费用，为婴儿储存脐带血。

对此，有些父母觉得很难抉择。

就我个人来说，把脐带血丢弃是有点可惜的，但付出巨款来储存大有可能用不着的脐带血也不是太理想。如果是我的话，我会用来救助现时有病而需要脐带血的人，或提供给研究机构。这样婴儿长大时，我可以告诉他们，"你一诞生，就帮助了他人，可能救了人家的一条命呢！"

至于是否应该把脐带血存起，留给婴儿将来使用，这个选择，有很多争议。

问问医生，可否为我们谈谈储存脐带血的细节
和利弊？

 医生说：

这十几年来，商业性的储脐带血公司如雨后春笋般冒出来。他们不停地宣传，提倡这是一种新的生物保险，叫爸爸妈妈为宝宝的未来健康买保险。

脐带血含有很多干细胞，将来要是宝宝患上了血癌，需要自体输血移植干细胞，就很容易而且便宜，不像骨髓移植那么昂贵且可能引起拒绝反应。

不过，这种情况的机率是不高的，大概一千四百到二万分之一。

可是，为了加强家长对这份保险的信心，很多宣传页宣称，脐带血里面的干细胞不但能治疗白血病（血癌）、代谢病，更能治疗其他癌症、帕金森

病、糖尿病、修复破损的心脏细胞，甚至治疗风湿性关节炎。这些把将来的科学可能变为现在的可行治疗，说法是站不住脚的。

通常，脐带血是在宝宝出生时或出生后抽取。要是在出生时，例如在剖腹产的时候抽取的话，会否影响母亲的健康？要是在出生后从胎盘里抽取，又会冒了脐带血受感染或混入母血的风险。

其他风险还包括了取血时的风险。

护理员为了要取脐带血，有没有可能忽略了照顾母婴？

为双胞胎取脐带血的时候，要是双卵双胞胎的话，掉包的机会是不小的。

早产儿的干细胞可能不足，取了可能将来也不够用？

现在流行对早产儿延迟钳脐带的做法，可以令宝宝脑出血和需要输血的机率减低，但这个做法也会减低脐带血的取收率，负责接生的护理员当时应该怎样取舍呢？

　　取得脐带血后，储藏是否合符规格是另外一个问题。储藏出了问题，脐带血就会失去效力，但很多国家却没有严格的法规，管理商业性的脐带血公司。美国没有，香港也没有相关法律，靠的是行业自律。

　　脐带血是要储藏一辈子的，公司要保障脐带血一百年都不受感染，不受电力供应不足、财政问题等影响，是一件很难的事。决定储不储是个人的选择，也是一个不容易的抉择。

后记

　　宝宝出生后的第一年，对父母来说，是没有休假的三百六十五日。

　　但在这短短的三百六十五日，会决定宝宝一生人大部分的纲领，父母辛苦点也是值得的。

　　说了那么多，到头来，什么才是最重要的呢？

随着科学的进步，心理学的研究日新月异，越来越多专家指出，到头来，对零至十二个月的婴儿，最重要的就是"爱"。

这并不是创新的道理，而是千古以来的真理。科学只是为这个真理作出证明。

无限量的爱，无条件的爱，无时无刻的爱，永无止境的爱……

人类最大的力量就是可以去爱人。这份力量是没有人能夺走的。

父母可以给予婴儿最大的力量就是母爱、父爱。

对婴儿的脑袋最大的营养，就是和人的交流。

他需要得到迅速的响应，感受旁人的关怀，从中得到各种的刺激，才能正常的成长，过健康的生活。

人类的婴儿如果得不到大人的照顾，绝对不能生存。单纯只供给营养，但没有肌肤接触或五官的刺激的话，婴儿脑袋会停顿，智能降低，身体运作受阻，不能过一个满足的人生。

千万不要低估爱的能力，因为"爱"就是人类最基本的动力。

一定要有大人的照顾和陪伴，婴儿才能真正的站在起跑线。若希望孩子长大后成为一个健康、快乐、优秀的人的话，父母和照顾者的"爱"才是真正能推动孩子成长的能量。

相信自己的爱，用你的爱去培养、鼓励和协助你的孩子，踏上人生的跑道吧！

多谢大家阅读这本书，请传给你身边的父母和照顾者，扩大爱的回响。

"爱在起跑线"，我相信。

图书在版编目（CIP）数据

爱在起跑线 ：0～1岁成长黄金期的21个育婴法 ／
（英）陈美龄，陈曦龄著．－－ 上海 ：上海三联书店，
2021.4
ISBN 978－7－5426－7347－3

Ⅰ．①爱… Ⅱ．①陈… ②陈… Ⅲ．①婴幼儿－哺育
Ⅳ．①TS976.31

中国版本图书馆CIP数据核字(2021)第036795号

爱在起跑线：0～1岁成长黄金期的21个育婴法

著　　者 ／ 〔英〕陈美龄　陈曦龄
责任编辑 ／ 职　烨
装帧设计 ／ 徐　徐
监　　制 ／ 姚　军
责任校对 ／ 张大伟　王凌霄

出版发行 ／ 上海三联书店
　　　　　　（200030）中国上海市漕溪北路331号A座6楼
邮购电话 ／ 021－22895540
印　　刷 ／ 上海普顺印刷包装有限公司

版　　次 ／ 2021年4月第1版
印　　次 ／ 2021年4月第1次印刷
开　　本 ／ 787×1092 1/32
字　　数 ／ 100千字
印　　张 ／ 6.625
书　　号 ／ ISBN 978－7－5426－7347－3/G・1592
定　　价 ／ 35.00元

敬启读者，如本书有印装质量问题，请与印刷厂联系021－36522998